Altamashuddin Khan Nadeemallah
S.I. Manjur Basha

Aplicações de aprendizagem automática na previsão da resistência do betão

Altamashuddin Khan Nadeemallah
S.I. Manjur Basha

Aplicações de aprendizagem automática na previsão da resistência do betão

ScienciaScripts

Imprint

Cover image: www.ingimage.com

This book is a translation from the original published under ISBN 978-3-659-94931-9.

Publisher:
Sciencia Scripts
is a trademark of
Dodo Books Indian Ocean Ltd. and OmniScriptum S.R.L publishing group

120 High Road, East Finchley, London, N2 9ED, United Kingdom
Str. Armeneasca 28/1, office 1, Chisinau MD-2012, Republic of Moldova, Europe
Managing Directors: Ieva Konstantinova, Victoria Ursu
info@omniscriptum.com

Printed at: see last page
ISBN: 978-620-8-37890-5

AGRADECIMENTOS

Gostaria de expressar a minha sincera gratidão a todos aqueles que fizeram parte deste percurso e contribuíram para a realização deste livro.

Em primeiro lugar, agradeço a Alá Todo-Poderoso pelas suas bênçãos, orientação e misericórdia infinita, sem as quais este projeto não teria sido possível. O seu apoio tem sido uma fonte constante de força ao longo de todo este projeto.

Um agradecimento especial ao Management Bearys Institute of Technology Mangalore por proporcionar um ambiente propício à investigação e à aprendizagem. O empenho da instituição na excelência académica e na inovação desempenhou um papel crucial na elaboração deste livro.

Estou também profundamente grato ao Dr. SI Manjur Basha, Diretor do Bearys Institute of Technology Mangalore, e estimado coautor deste livro. Os seus vastos conhecimentos académicos, a sua atenção meticulosa aos pormenores e a sua abordagem colaborativa enriqueceram muito o conteúdo deste livro. Trabalhar com ele foi uma experiência verdadeiramente gratificante.

Gostaria de agradecer aos meus colegas e aos alunos do Bearys Institute of Technology Mangalore pelo seu apoio, feedback e encorajamento contínuos. Em particular, gostaria de estender a minha sincera gratidão aos seguintes estudantes que desempenharam um papel fundamental no desenvolvimento deste projeto: Ameena Zulfiqar Ali, Ayshath Jaseela, Fathimath Afreeda, Mohamood Ajzal M H, Abdul Noufal e Mohammad Muneeb Ibrahim. A sua dedicação, trabalho árduo e colaboração foram inestimáveis para a concretização deste trabalho.

Um agradecimento especial é também devido ao Professor Associado do Departamento de Engenharia Civil, Prof. Zaheer Ahmed, pela sua orientação, aconselhamento e apoio ao longo do projeto.

Por último, gostaria de agradecer à minha família e aos meus amigos pela sua constante paciência, amor e compreensão ao longo deste projeto.

Índice

CAPÍTULO 1: INTRODUÇÃO

1.1 INTRODUÇÃO

O betão, um material compósito constituído principalmente por cimento, agregados (como areia e gravilha), água e, por vezes, vários aditivos, é amplamente utilizado na construção devido à sua versatilidade, durabilidade e adaptabilidade a diferentes requisitos de engenharia. A composição do betão desempenha um papel crucial nas suas propriedades mecânicas, no seu comportamento de presa e na sua durabilidade, tornando a seleção e o doseamento dos materiais essenciais para alcançar os resultados de desempenho desejados. Esta introdução aprofunda os componentes do betão e a forma como cada elemento contribui para as suas propriedades globais, apoiando estas ideias com referências a resultados recentes da investigação e da indústria.

O cimento é o aglutinante que mantém unidos os outros componentes do betão, iniciando o processo químico de hidratação após a mistura com a água, o que acaba por conduzir ao endurecimento do betão. O cimento Portland, o tipo mais comum, é composto principalmente por silicatos e aluminatos de cálcio. Vários aditivos minerais também podem ser incorporados na mistura para melhorar as propriedades do betão endurecido, com materiais como cinzas volantes, escória granulada de alto-forno moída (GGBS) e sílica ativa a serem amplamente utilizados para melhorar a durabilidade e o desempenho mecânico (Nagrockienė et al., 2017). Além disso, a adição de aditivos como superplastificantes melhora a trabalhabilidade, permitindo uma colocação mais fácil sem comprometer a integridade estrutural do betão endurecido (Sreekumar et al., 2016).

Os agregados, que constituem a maior parte do volume do betão, são geralmente classificados em agregados grossos e finos, cada um influenciando a densidade, a resistência e a estabilidade geral da mistura. Os agregados grossos, muitas vezes constituídos por cascalho ou pedra britada, conferem resistência e reduzem a retração, enquanto os agregados finos, como a areia, preenchem os espaços vazios e contribuem para a coesão do betão. As caraterísticas dos agregados, como a dimensão, a forma e a gradação das partículas, afectam significativamente a reologia e as propriedades mecânicas do betão. Agregados com uma granulometria óptima melhoram a densidade de empacotamento, reduzem o teor de ligante necessário e minimizam os espaços vazios, conduzindo a um betão mais forte e durável (Hu & Wang, 2011). A zona de transição interfacial (ZIT) entre o agregado e a pasta de cimento é uma área crítica na microestrutura do betão, afectando a distribuição de cargas e a durabilidade. Os investigadores observaram que o empacotamento denso e a gradação adequada dos agregados aumentam a ZIT, melhorando as caraterísticas mecânicas e de durabilidade do betão (Stroeven et al., 2012).

A água é outro componente fundamental do betão, facilitando a reação química de hidratação do cimento e proporcionando trabalhabilidade à mistura. No entanto, a relação água/cimento (W/C) deve ser cuidadosamente controlada, uma vez que o excesso de água enfraquece o betão endurecido, aumentando a porosidade, reduzindo a resistência à compressão e comprometendo a durabilidade. Por outro lado, uma quantidade insuficiente de água impede uma hidratação adequada, conduzindo a reacções incompletas e a uma resistência reduzida (Gan et al., 2015). As inovações na tecnologia do betão centram-se frequentemente na otimização da relação água/cimento para equilibrar a trabalhabilidade e a resistência, com a ajuda de aditivos para minimizar o teor de água e obter as caraterísticas de fluidez desejadas.

Os aditivos são adicionados ao betão para conferir caraterísticas específicas, tais como melhorar a trabalhabilidade, controlar o tempo de presa e aumentar a durabilidade em várias condições ambientais. Por exemplo, os superplastificantes reduzem as necessidades de água, mantendo a trabalhabilidade, e os agentes incorporadores de ar introduzem microbolhas na mistura, o que aumenta a resistência ao congelamento-degelo. A investigação também sugere que a incorporação de aditivos minerais, como cinzas volantes ou sílica ativa, aumenta a durabilidade a longo prazo e a resistência à compressão, tornando o betão mais adequado para ambientes agressivos (Nagrockienė et al., 2017).

A escolha e a proporção destes materiais, conhecidas coletivamente como conceção da mistura, são adaptadas para satisfazer requisitos estruturais e de durabilidade específicos. Os avanços no betão incluem também a incorporação de materiais reciclados, como o betão ou o tijolo triturados, como substitutos parciais dos agregados naturais. Esta abordagem não só responde a preocupações de sustentabilidade ao reduzir a dependência de agregados virgens, como também oferece benefícios económicos. Estudos demonstraram que o betão que incorpora agregados reciclados finos apresenta propriedades mecânicas aceitáveis e pode atingir um desempenho a longo prazo comparável ao do betão convencional, embora com alguma redução da resistência inicial (Khatib, 2005). No entanto, a utilização de agregados reciclados requer uma avaliação cuidadosa da qualidade, de modo a atenuar os potenciais efeitos adversos na durabilidade e na trabalhabilidade.

Tipos especializados de betão, como o betão reforçado com fibras e o betão polimérico, foram desenvolvidos para aplicações que requerem maior resistência à tração e à fissuração. O reforço com fibras, utilizando materiais como o aço ou fibras sintéticas, melhora a resistência à tração e controla a fissuração no betão endurecido, tornando-o adequado para aplicações em pavimentos e pisos industriais (Sucharda & Bílek, 2019). O betão polímero, que incorpora polímeros como ligante em vez de cimento convencional, oferece elevada resistência ao ataque químico e cura rápida, ideal para ambientes industriais e marinhos onde a durabilidade é fundamental (Maksimov et al., 1999).

Em resumo, a composição e as propriedades do betão podem ser adaptadas com precisão através de uma seleção e dosagem cuidadosas dos seus materiais constituintes. Os avanços na ciência dos materiais continuam a melhorar o desempenho do betão, permitindo a sua aplicação em ambientes cada vez mais exigentes. O desenvolvimento de materiais de betão sustentáveis e de elevado desempenho reflecte a inovação contínua destinada a satisfazer as exigências da indústria da construção moderna em termos de durabilidade, resistência e responsabilidade ambiental.

1.2 AVANÇOS NO BETÃO CONVENCIONAL: O PAPEL DOS MATERIAIS ALTERNATIVOS E DA APRENDIZAGEM AUTOMÁTICA

O betão convencional, um material fundamental na construção, é tradicionalmente composto por cimento, água, areia e agregados grossos. Tem sido amplamente utilizado pela sua resistência à compressão, adaptabilidade e relação custo-eficácia numa série de estruturas, desde edifícios residenciais a infra-estruturas de grande escala. No entanto, à medida que as preocupações ambientais aumentam, há um impulso crescente para incorporar materiais alternativos e sustentáveis nas formulações de betão, reduzindo o impacto ecológico da construção. Os materiais avançados, como a areia fabricada (areia M) e o solo laterítico, surgiram como substitutos promissores dos agregados tradicionais, respondendo tanto à escassez de recursos naturais como aos desafios ambientais associados à produção de betão. A areia M, produzida a partir de rocha britada, proporciona uma classificação consistente e minimiza as impurezas, o que pode aumentar a resistência à compressão e a trabalhabilidade do betão. Entretanto, o solo laterítico, rico em ferro e alumínio, oferece uma maior durabilidade em condições ambientais específicas, o que o torna particularmente útil em regiões tropicais. Juntos, a areia M e o solo laterítico permitem uma construção sustentável, reduzindo a dependência da areia do rio e aproveitando os recursos disponíveis localmente, diminuindo assim os custos dos materiais (Ramesh et al., 2020).

A integração destes materiais assinala um avanço significativo na produção de betão, mas o processo de otimização das misturas de betão para obter as propriedades desejadas ainda requer uma tentativa e erro consideráveis. A aprendizagem automática (ML) tem o potencial de simplificar este processo, prevendo com precisão as propriedades do betão, como a resistência à compressão, a resistência à tração e a durabilidade, com base em parâmetros de mistura específicos. Utilizando modelos como redes neurais artificiais (RNA), máquinas de vectores de suporte (SVM) e métodos de conjunto (por exemplo, floresta aleatória e aumento do gradiente), a aprendizagem automática pode identificar relações complexas em concepções de misturas.

Ao analisar dados históricos, estes modelos permitem previsões exactas que reduzem a necessidade de ensaios experimentais extensos. Estudos demonstraram que os algoritmos de ML podem aumentar a precisão da formulação de betão, optimizando o desempenho e conservando os recursos (Nguyen et al., 2021).

Além disso, a incorporação do conhecimento do domínio nos modelos de aprendizagem automática aumenta a sua fiabilidade e generalização, tornando-os eficazes mesmo nos casos em que a disponibilidade de dados é limitada. Esta adaptabilidade permite que os modelos de aprendizagem automática tenham em conta diversas variáveis, como o tipo de agregado, o tempo de cura e as condições ambientais, produzindo assim previsões mais exactas e versáteis. Ao adotar estas ferramentas de previsão, a indústria da construção pode adotar uma abordagem mais orientada para os dados, melhorando a eficiência e garantindo resultados de alta qualidade em aplicações de betão (Li et al., 2023).

A utilização combinada de materiais sustentáveis, como a areia M e o solo laterítico, com técnicas de aprendizagem automática, representa uma mudança transformadora no sentido de uma produção de betão de elevado desempenho e ambientalmente consciente. Estas inovações não só se alinham com os objectivos da indústria de reduzir o impacto ambiental e o consumo de recursos, como também oferecem uma solução rentável para melhorar as propriedades mecânicas do betão. Esta sinergia entre materiais avançados e tecnologias preditivas estabelece uma base para infra-estruturas sustentáveis e resilientes, respondendo aos desafios da construção moderna e mantendo a durabilidade e a versatilidade que o betão convencional há muito proporciona.

1.3 M AREIA BETÃO

A areia M, ou areia manufacturada, está a ser cada vez mais utilizada como agregado fino no betão, para fazer face à escassez de areia de rio e ao impacto ambiental da sua extração. Derivada de rochas trituradas, a areia M apresenta uma granulometria mais controlada e pode melhorar significativamente o desempenho do betão. Os estudos mostram que a areia M pode melhorar a resistência à compressão, à tração e à flexão, sobretudo quando substitui totalmente a areia do rio nas misturas de betão. Por exemplo, a substituição da areia de rio por areia M até 100% no betão de alta resistência (classe M50) resultou num aumento de 6,82% da resistência à compressão após 28 dias (Suriya et al., 2023).

A trabalhabilidade do betão com areia M é geralmente inferior à do betão à base de areia de rio devido à forma angular das partículas, mas a utilização de aditivos como os superplastificantes pode atenuar este problema. Estes aditivos melhoram a fluidez, permitindo uma colocação eficaz sem comprometer a resistência (Begam et al., 2018). Além disso, a areia M mostrou reduzir efetivamente as taxas de carbonatação no concreto, aumentando assim sua durabilidade em ambientes expostos ao dióxido de carbono, o que é crítico para estruturas reforçadas (Jennifer et al., 2022).

A utilização de areia M com materiais cimentícios suplementares, como cinzas volantes e sílica ativa, otimiza ainda mais as propriedades do betão. Por exemplo, uma mistura de betão contendo 60% de areia M e 20% de sílica ativa demonstrou maior resistência à compressão, tração e flexão do que o betão convencional (Mane et al., 2019). Estas conclusões apoiam a areia M como uma alternativa ecológica, durável e de alto desempenho à areia do rio em aplicações de betão, especialmente porque continua a revelar-se eficaz na obtenção de vários graus estruturais e métricas de durabilidade, mesmo em condições adversas (Vijaya & Selvan, 2015).

1.4 BETÃO DE SOLO LATERÍTICO

O solo laterítico, abundante em regiões tropicais, tem sido amplamente explorado como componente de misturas de betão, oferecendo benefícios estruturais e ambientais. Quando utilizado no betão, o solo laterítico pode substituir parcial ou totalmente os agregados finos tradicionais, reduzindo assim a necessidade de areia e promovendo a utilização sustentável dos

recursos. O betão produzido com solo laterítico, conhecido como betão laterizado, apresenta uma resistência à compressão satisfatória, sendo que substituições até 20% atingem normalmente níveis de resistência semelhantes ao betão convencional (Raman, 2017). Além disso, o concreto laterizado demonstra boa durabilidade em condições desafiadoras, como a resistência a ataques químicos como soluções de sulfato de magnésio, o que é crítico para estruturas em ambientes agressivos (Lasisi et al., 1990).
Em termos de trabalhabilidade, o solo laterítico tende a reduzir a facilidade de manuseamento do betão devido à sua textura granular. No entanto, isto pode ser gerido ajustando o rácio água-cimento e adicionando aditivos para aumentar a fluidez (Shuaibu et al., 2014). A composição mineral única da laterita, rica em óxidos de ferro e alumínio, também contribui para a resistência térmica e a baixa permeabilidade do betão laterizado, tornando-o um material favorável em climas quentes (Ogunleye & Arum, 2023).

Além disso, a laterite tem sido utilizada juntamente com outros materiais ecológicos, como a escória granulada de alto-forno moída (GGBS) e as cinzas volantes, para aumentar a resistência do betão e reduzir a sua pegada de carbono. Por exemplo, a incorporação de laterite e GGBS em betão misturado produziu resistências comparáveis, especialmente quando o teor de laterite foi limitado a 25-50% (Karra et al., 2016). Além disso, modelos para otimizar misturas de concreto laterizado mostraram que o uso de superplastificantes pode produzir concreto de alta resistência, adequado para aplicações estruturais, reduzindo a necessidade de cimento e minimizando a retração (Iron et al., 2021).

O betão laterizado continua a ter potencial como alternativa sustentável à construção convencional, particularmente em climas tropicais onde a laterite está facilmente disponível. A sua adaptabilidade em combinação com materiais como o látex de borracha natural e a cal alarga ainda mais a sua aplicação em habitações e infra-estruturas de baixo custo e duradouras (Jose & Kasthurba, 2021).

1.5 ALGORITMOS DE APRENDIZAGEM AUTOMÁTICA PARA APLICAÇÕES DE CONSTRUÇÃO

A aprendizagem automática (ML) representa um ramo transformador da inteligência artificial que permite aos computadores aprender a partir de dados, fazendo previsões ou tomando decisões sem programação explícita. Esta abordagem baseada em dados permite o desenvolvimento de modelos preditivos através da identificação de padrões e relações em grandes conjuntos de dados. Com o aumento da capacidade de computação e da disponibilidade de dados, o ML encontrou aplicações em diversos domínios, incluindo os cuidados de saúde, as finanças, a engenharia e a construção, onde é utilizado para tarefas de otimização e de tomada de decisões demasiado complexas para os algoritmos tradicionais (Dietterich, 1996).

Nas indústrias da construção e da ciência dos materiais, o ML tem-se mostrado promissor na otimização das composições de materiais e na previsão das propriedades dos materiais, como a resistência à compressão, a durabilidade e a elasticidade. Ao analisar dados históricos e aprender com experiências anteriores, os modelos de ML oferecem uma forma de melhorar a precisão e a eficiência dos projectos de misturas de betão sem a necessidade de testes físicos exaustivos. Esta capacidade é especialmente valiosa na produção de betão, onde a obtenção de caraterísticas de desempenho específicas pode envolver numerosos ensaios dispendiosos (Geyer & Singaravel, 2018).

Os principais modelos de ML, como as redes neuronais artificiais (RNA), as máquinas de vectores de apoio (SVM), as florestas aleatórias e os métodos de conjunto, são particularmente adequados para lidar com as relações não lineares frequentemente presentes nos parâmetros das misturas de betão. Por exemplo, as RNA são úteis para captar padrões complexos nos dados, enquanto os modelos de conjunto, que combinam vários algoritmos de aprendizagem, aumentam a precisão da previsão reduzindo o erro. Os estudos demonstraram que estes modelos não só simplificam o processo de previsão, como também melhoram a precisão na estimativa de propriedades críticas, como a resistência à compressão, ao ter em conta as interações entre os componentes da mistura (por exemplo, rácio água-cimento, tipo de agregado, tempo de cura) (Sun et al., 2021).

Para além da sua adaptabilidade no tratamento de dados complexos, os algoritmos de ML reduziram o tempo e o custo associados aos testes e à otimização de materiais. Esta tecnologia oferece ao sector da construção uma abordagem baseada em dados para o desenvolvimento sustentável, permitindo previsões mais precisas e concepções de misturas que satisfazem os critérios de desempenho, reduzindo simultaneamente a utilização de materiais e o impacto ambiental. Esta tendência alinha-se com a adoção mais ampla de práticas inteligentes e eficientes em termos de recursos em todos os sectores, facilitadas pelo ML (Xu et al., 2021).

A integração do ML na construção sublinha o potencial da IA para revolucionar as práticas de engenharia convencionais, permitindo a criação de soluções de elevado desempenho, económicas e ambientalmente sustentáveis. A capacidade do ML para processar grandes conjuntos de dados e adaptar-se a novas informações à medida que estas ficam disponíveis torna-o uma ferramenta indispensável para futuros avanços na construção e na ciência dos materiais (Tixier et al., 2016).

Estes recursos ilustram coletivamente a importância crescente do ML na construção e noutros domínios da engenharia, oferecendo soluções práticas, eficientes e sustentáveis para processos que tradicionalmente consomem muitos recursos.

1.6 OBJECTIVOS

- Desenvolver projectos de misturas optimizadas para betão dos graus M20, M25 e M30, utilizando areia M e solo laterítico como substitutos parciais dos agregados tradicionais, com o objetivo de aumentar a resistência e a durabilidade, promovendo simultaneamente a utilização sustentável dos materiais.

- Avaliar as propriedades mecânicas e a resistência à compressão do betão modificado com areia M e solo laterítico nos graus M20, M25 e M30, comparando o seu desempenho com o do betão convencional.
- Avaliar a precisão preditiva dos modelos de aprendizagem automática, na estimativa das propriedades mecânicas do betão modificado com areia M e laterite, com base nos parâmetros de conceção da mistura.
- Desenvolver uma ferramenta de previsão utilizando modelos de aprendizagem automática que preveja com precisão as proporções ideais de mistura e as métricas de desempenho (por exemplo, resistência) para betão de grau M20, M25 e M30 incorporando areia M e solo laterítico, reduzindo a necessidade de ensaios laboratoriais extensivos.

1.7 RESUMO

O betão, um material de construção fundamental, é constituído por cimento, agregados, água e aditivos, sendo as suas propriedades influenciadas pela composição e proporção destes elementos. O cimento actua como aglutinante, os agregados proporcionam resistência e estabilidade e a relação água/cimento afecta a durabilidade e a resistência. Os avanços no betão incluem substitutos sustentáveis como a areia M e o solo laterítico, melhorando o desempenho e reduzindo o impacto ambiental.

A aprendizagem automática (ML) desempenha um papel crucial na otimização dos projectos de misturas de betão através da previsão de propriedades como a resistência à compressão. Os modelos de ML, tais como regressão linear, máquinas de vectores de suporte (SVM), florestas aleatórias, gradient boosting e árvores de decisão, simplificam o processo de conceção e reduzem as necessidades de ensaios físicos. O estudo tem como objetivo desenvolver e otimizar os tipos de betão M20, M25 e M30 utilizando areia M e laterite, avaliando as suas propriedades mecânicas e utilizando o ML para previsões de misturas precisas e eficientes.

CAPÍTULO 2: REVISÃO DA LITERATURA

2.1 INTRODUÇÃO AO BETÃO CONVENCIONAL

O betão convencional, um material amplamente utilizado na construção, continua a ser uma pedra angular devido à sua durabilidade, versatilidade e custo relativamente baixo. A investigação que compara o betão convencional com alternativas, como o betão auto-adensável (BAC), revela que, embora ambos os tipos partilhem propriedades fundamentais semelhantes, a caraterística de auto-nivelamento do BAC oferece vantagens estruturais específicas. Por exemplo, Aslani e Nejadi (2012) descobriram que as propriedades mecânicas do betão auto-adensável, incluindo o módulo de elasticidade e a resistência à tração, requerem modelos modificados distintos dos utilizados para o betão convencional. Esta distinção sublinha o papel do betão convencional como material de referência padrão, particularmente na investigação que avalia novas formulações de betão (Aslani & Nejadi, 2012).

As investigações sobre o betão de ultra-alto desempenho (UHPC) destacam-no como uma alternativa avançada com uma resistência à compressão significativamente mais elevada e menor fragilidade em comparação com o betão convencional. Azmee e Shafiq (2018) documentaram as propriedades melhoradas do UHPC, que permitem reduzir o tamanho dos elementos e melhorar a capacidade de suporte de carga. Apesar destes benefícios, o betão convencional mantém a sua prevalência na indústria devido ao elevado custo do UHPC e às orientações limitadas do código de projeto, tornando o betão convencional mais prático para uma vasta gama de aplicações (Azmee & Shafiq, 2018).

O desenvolvimento do UHPC apresenta um contraste notável nas caraterísticas do material em comparação com o betão convencional, tal como El-Helou et al. (2022) detalharam no seu estudo das propriedades de conceção do UHPC. As resistências à compressão e à tração melhoradas do UHPC permitem elementos estruturais mais pequenos sem comprometer a resistência, embora o betão convencional continue a ser mais amplamente aplicado devido à sua acessibilidade e às normas estabelecidas. Esta comparação enfatiza que, embora os materiais avançados como o UHPC apresentem um desempenho superior, o betão convencional continua a ser indispensável devido a considerações de custo e de conceção (El-Helou et al., 2022).

As considerações de sustentabilidade ambiental também levaram à exploração do betão de geopolímero como substituto do betão convencional. De acordo com Ma et al. (2018), o betão geopolimérico oferece maior durabilidade e um menor impacto ambiental, particularmente porque substitui o cimento por subprodutos como cinzas volantes e escórias. No entanto, a cadeia de abastecimento estabelecida e a versatilidade do betão convencional em vários climas mantêm-no dominante nas aplicações de construção, apesar dos potenciais benefícios ecológicos das alternativas (Ma et al., 2018).

Yehia e Fawzy (2017) exploraram a utilização de betão poroso impregnado de polímeros, que, embora leve e permeável, não atinge a mesma resistência que o betão convencional. Estes materiais, embora vantajosos em determinadas aplicações, requerem frequentemente métodos de manuseamento e de ensaio especializados. O betão convencional continua a ser vantajoso pela sua produção simples e propriedades mecânicas previsíveis, tornando-o a escolha preferida para muitas aplicações de engenharia estrutural (Yehia & Fawzy, 2017).

Os avanços na nanotecnologia permitiram a introdução de nanoaditivos no betão, melhorando as propriedades mecânicas do betão convencional. Silvestre et al. (2016) demonstraram que a nanosílica e outros nanomateriais melhoram significativamente a resistência à compressão e a rigidez do betão convencional. Apesar destes ganhos de desempenho, os custos elevados restringem a aplicação prática da nanotecnologia no betão convencional, preservando a acessibilidade do material original e a sua utilização generalizada (Silvestre et al., 2016).

Do mesmo modo, Norhasri et al. (2017) exploraram melhorias em nanomateriais como o dióxido de nanotitânio e os nanotubos de carbono, que reduzem eficazmente a porosidade e melhoram a durabilidade do betão convencional. Estas inovações são promissoras para prolongar a vida útil das estruturas de betão, embora o betão convencional continue a ser o padrão da indústria devido à simplicidade das suas formulações tradicionais (Norhasri et al., 2017).

Por fim, Chaabene et al. (2020) enfatizaram que os modelos de aprendizado de máquina superam as abordagens empíricas tradicionais na previsão precisa das propriedades convencionais do concreto, como resistência à compressão e à tração. Ao permitir ajustes mais precisos nos projetos de mistura, o ML contribui para a eficiência estrutural e consistência do concreto, destacando uma evolução na otimização de materiais sem alterar a composição do concreto convencional (Chaabene et al., 2020).

Esta literatura sublinha a resiliência e a adaptabilidade do betão convencional, que, apesar dos avanços em materiais e tecnologias alternativos, continua a ser fundamental para a construção. As suas propriedades fiáveis, o vasto apoio da investigação e o potencial de melhoria através de técnicas modernas como a ML e a nanotecnologia solidificam o seu papel como referência na engenharia estrutural.

2,2 M DE AREIA E SOLO LATERÍTICO EM BETÃO

2.2.1 Areia M em betão

A areia manufacturada (M-sand), criada pela trituração de rochas, surgiu como uma alternativa viável à areia de rio devido a preocupações ambientais e a restrições regulamentares à extração de areia de rio. Vários estudos exploraram os seus efeitos nas propriedades mecânicas e de durabilidade do betão. Por exemplo, **Abitha Begam et al. (2018)** examinaram a areia M de várias fontes, descobrindo que geralmente requer uma relação água-cimento mais alta do que a areia do rio para manter a trabalhabilidade. No entanto, os aditivos melhoram efetivamente o desempenho, com a areia M a produzir uma trabalhabilidade comparável quando optimizada (Abitha Begam et al., 2018).

Sudha et al. (2016) realizaram um estudo aprofundado sobre o betão de alto desempenho utilizando areia M, substituindo a areia do rio até 100%. As suas conclusões revelaram um aumento de 12-18% na resistência à compressão, na resistência à tração por compressão e na resistência à flexão do betão com areia M aos 28 dias, o que o torna adequado para aplicações de grau M40 e de maior resistência (Sudha et al., 2016).

Kavya e Rao (2020) investigaram o desempenho mecânico da areia M em betão dos graus M30 e M65, revelando ganhos de resistência consistentes em diferentes graus e períodos de cura. Confirmaram que a areia M é um substituto fiável do agregado fino, apoiando a sua utilização em diferentes requisitos estruturais (Kavya & Rao, 2020).

Os estudos sobre betão auto-adensável (SCC) também mostraram resultados favoráveis com areia M. **Suriya et al. (2023)** verificaram um aumento de 6,82% na resistência à compressão do betão autocompactado de grau M50 com areia M, obtendo melhorias de desempenho sem comprometer a durabilidade. Em termos de sustentabilidade ambiental, **Vijaya e Selvan (2015)** confirmaram que o betão com areia M apresentou maior resistência a ataques de ácido e sulfato em comparação com a areia de rio, com um nível de substituição ideal de cerca de 60%. Isto demonstra o potencial da areia M para aumentar a durabilidade, ao mesmo tempo que aborda as preocupações ecológicas em torno da extração de areia de rio (Vijaya & Selvan, 2015).

SOLO LATERÍTICO EM BETÃO

O solo laterítico, caracterizado por um elevado teor de ferro e alumínio, tem sido cada vez mais estudado para ser utilizado como um substituto parcial do agregado fino. **Shuaibu et al. (2014)** analisaram o potencial da laterite como agregado sustentável no betão, referindo a sua capacidade de produzir uma resistência comparável a um nível de substituição de 20-30%, mantendo a relação custo-eficácia. No entanto, a laterite reduz frequentemente a trabalhabilidade, exigindo a utilização de aditivos redutores de água (Shuaibu et al., 2014).

Karra et al. (2016) exploraram a laterite e a escória granulada de alto-forno moída (GGBS) em misturas de betão, concluindo que um teor de laterite de até 25% proporcionava uma resistência à compressão satisfatória para aplicações de betão padrão. No entanto, advertem contra rácios de substituição mais elevados, uma vez que estes tendem a reduzir a resistência global (Karra et al., 2016).

Em aplicações de elevada resistência, **Rajapriya e Ponmalar (2020)** demonstraram a eficácia da laterite nos graus de betão M30 e M45, com um aumento de 10-12% na resistência à compressão com 25% de substituição. Isto realça a adequação da laterite em regiões tropicais onde é abundante e economicamente viável para utilização em betão (Rajapriya & Ponmalar, 2020).

Além disso, **Lasisi et al. (1990)** estudaram a durabilidade do betão à base de laterite em ambientes ricos em sulfatos, salientando a sua resistência química e o seu papel no aumento da durabilidade do betão em condições difíceis. Essa caraterística torna a laterita particularmente valiosa para estruturas expostas a ambientes agressivos (Lasisi et al., 1990).

Em resumo, tanto a areia M como o solo laterítico oferecem alternativas valiosas e sustentáveis à areia de rio tradicional. A areia M provou ser eficaz no aumento da resistência à compressão e da durabilidade, especialmente em aplicações de betão de alta resistência e auto-compactação. O solo laterítico, apesar de potencialmente reduzir a trabalhabilidade, oferece uma boa resistência à compressão e é particularmente adequado para utilização em ambientes quimicamente agressivos. Em conjunto, estes materiais apoiam uma abordagem sustentável à produção de betão, reduzindo a dependência de recursos tradicionais com impacto ambiental.

2.3 PREVISÃO DA RESISTÊNCIA DO BETÃO UTILIZANDO ALGORITMOS DE APRENDIZAGEM AUTOMÁTICA

A previsão da resistência à compressão do betão é essencial para otimizar a conceção da mistura de betão e garantir a fiabilidade estrutural. Vários algoritmos de aprendizagem automática (ML) têm-se mostrado promissores na previsão destas propriedades com precisão, proporcionando uma abordagem baseada em dados para o projeto de betão. Esta análise da literatura examina a gama de técnicas de aprendizagem automática utilizadas, incluindo métodos de conjunto, máquinas de vectores de suporte, redes neurais artificiais e modelos híbridos.

Estudos recentes centraram-se na utilização de modelos de ML, como a regressão de vectores de suporte (SVR), o perceptron multicamada (MLP), o regressor de reforço de gradiente (GBR) e o reforço de gradiente extremo (XGBoost) para prever as resistências à compressão e à tração do betão de alto desempenho. **Nguyen et al. (2021)** aplicaram estes algoritmos para prever as resistências do betão e concluíram que o GBR e o XGBoost proporcionavam uma precisão superior à do SVR e do MLP. Ao utilizar a pesquisa aleatória para a afinação de hiperparâmetros, estes modelos alcançaram um desempenho computacional eficiente em dois conjuntos de dados populares, mostrando a robustez dos métodos de conjunto na previsão da resistência do betão (Nguyen et al., 2021).

Outra abordagem eficaz tem sido o reforço adaptativo (AdaBoost), que melhora a previsão através da integração de vários aprendizes fracos. **Feng et al. (2020)** aplicaram o AdaBoost para prever a resistência à compressão do betão utilizando 1030 conjuntos de dados de misturas de betão. Este método atingiu uma precisão superior a 95% na previsão da resistência à compressão, atribuindo pesos mais elevados aos alunos fracos com baixas taxas de erro, demonstrando a capacidade do AdaBoost para captar relações complexas entre os dados de entrada (por exemplo, teor de agregados, condições de cura) e a resistência de saída (Feng et al., 2020).

Em estudos comparativos, **Tipu et al. (2022)** utilizaram árvores de decisão (DT), florestas aleatórias (RF), SVR, gradient boosting (GB) e redes neurais artificiais (ANN) para prever a resistência à compressão e a profundidade de penetração de cloretos. Entre estes, a floresta aleatória e o regressor gradient boosting superaram os outros modelos, atingindo uma precisão de previsão de 97%. O estudo aproveitou a otimização por enxame de partículas (PSO) para a afinação de hiperparâmetros, o que melhorou o desempenho do modelo e evitou o sobreajuste (Tipu et al., 2022).

As máquinas de vectores de suporte e as redes neuronais artificiais também demonstraram uma elevada precisão de previsão na investigação do betão. **Chaabene et al. (2020)** analisaram várias abordagens de AM, salientando que, embora a regressão linear e não linear tenha sido historicamente aplicada à previsão da resistência do betão, os algoritmos de AM, como a RNA e a SVM, acomodam melhor as relações não lineares entre os componentes da mistura e a resistência. O estudo identificou a RNA como particularmente apta a captar dependências complexas em dados de betão, mas observou que os modelos de conjunto superam frequentemente os algoritmos individuais devido à sua robustez (Chaabene et al., 2020).

Num estudo abrangente que combina a análise bibliométrica e a aplicação de modelos, **Li et al. (2023)** introduziram um algoritmo de árvore de regressão com reforço de gradiente (GBRT) para a previsão da resistência à compressão. Utilizando um conjunto de dados de 1030 amostras, o modelo alcançou um R^2 de 0,92, superando outras abordagens de modelo único em termos de erro quadrático médio (MSE) e raiz do erro quadrático médio (RMSE). O estudo destacou a aplicabilidade do GBRT para prever com precisão a resistência do betão, mesmo com pequenos conjuntos de dados (Li et al., 2023).

Mais recentemente, **Elhishi et al. (2023)** efectuaram uma avaliação de oito modelos de ML, incluindo modelos estatísticos (Linear, Ridge, LASSO e SVM), modelos baseados em árvores (DT, RF e XGBoost) e ANN. A sua análise num conjunto de dados de 1030 amostras revelou que o XGBoost é o mais preciso, atingindo um R^2 de 0,91 e um RMSE de 4,37. Este estudo sublinha a eficiência do XGBoost na previsão da resistência do betão, especialmente no tratamento de grandes conjuntos de dados com múltiplas variáveis (Elhishi et al., 2023).

Os modelos de conjunto híbridos também se revelaram eficazes na resolução de problemas de sobreajustamento. **Asteris et al. (2021)** desenvolveram um modelo substituto de conjunto híbrido que combina modelos convencionais de aprendizagem automática, como ANN e splines de regressão adaptativa multivariada (MARS). O seu modelo de conjunto híbrido (HENSM) obteve a maior precisão de previsão, superando os modelos individuais e outras abordagens de conjunto ao reduzir o sobreajuste através da fusão de modelos (Asteris et al., 2021).

Outra abordagem digna de nota é a utilização de redes neurais de retropropagação (BPNN) com técnicas de seleção de caraterísticas, como a seleção sequencial de caraterísticas (SFS). **Choudhary et al. (2020)** aplicaram esta técnica para prever a resistência à compressão do betão de ultra-alto desempenho (UHPC). Ao selecionar caraterísticas relevantes com SFS, melhoraram significativamente a precisão da previsão (R^2 = 0,991), provando que a seleção de caraterísticas específicas melhora o desempenho do modelo ANN para tipos de betão específicos (Choudhary et al., 2020).

Farooq et al. (2020) compararam a floresta aleatória (RF) e a programação da expressão genética (GEP) para a previsão de betão de alta resistência, observando que a abordagem de conjunto da RF proporcionava maior precisão e menor erro. O estudo demonstrou a robustez da RF na gestão de grandes conjuntos de dados com diversas variáveis de entrada, posicionando-a como uma solução prática para aplicações industriais que requerem uma elevada fiabilidade de previsão (Farooq et al., 2020).

Estes estudos realçam coletivamente a superioridade dos modelos de conjunto e híbridos na previsão da resistência à compressão do betão, oferecendo alternativas fiáveis aos métodos de regressão tradicionais. Modelos como o XGBoost, a floresta aleatória, o gradient boosting e os conjuntos híbridos ANN-MARS são especialmente eficazes, devido à sua capacidade de minimizar erros e gerir relações complexas de entrada-saída. Este conjunto crescente de investigação sugere que os algoritmos de ML desempenharão um papel cada vez mais importante na conceção precisa e eficiente do betão para diversas necessidades de construção.

2.4 SUMÁRIO

A integração de materiais avançados, como a areia M e o solo laterítico, juntamente com modelos preditivos de aprendizagem automática na produção de betão, representa uma evolução significativa nas práticas de construção modernas. O betão, tradicionalmente composto por cimento, água, areia e agregados, está cada vez mais a incorporar materiais alternativos como a areia M, um substituto da areia fabricada, e o solo laterítico, um solo tropical rico em argila. Estes materiais não só oferecem benefícios ambientais ao reduzir a dependência da areia dos rios, como também melhoram as propriedades mecânicas e a durabilidade do betão em determinadas condições. A areia M proporciona uma granulometria consistente, o que aumenta a resistência do betão, enquanto o solo laterítico melhora a durabilidade em condições ambientais específicas. Em conjunto, contribuem para a construção sustentável, utilizando recursos disponíveis localmente e reduzindo os custos globais dos materiais.

A aprendizagem automática, particularmente com modelos como redes neurais artificiais, máquinas de vectores de suporte e métodos de conjunto (como a floresta aleatória e o gradient boosting), faz avançar ainda mais a tecnologia do betão ao prever com precisão as propriedades do betão, como a resistência à compressão, a resistência à tração e a durabilidade, com base nos parâmetros da mistura. Ao analisar dados históricos e identificar relações complexas na conceção da mistura, a aprendizagem automática minimiza a necessidade de ensaios experimentais extensos, simplificando o processo de otimização das misturas de betão. Os modelos de aprendizagem automática demonstraram uma elevada precisão de previsão, melhorando significativamente a eficiência e a precisão da formulação do betão. Além disso, a incorporação do conhecimento do domínio nos modelos de aprendizagem automática melhora a sua generalização, tornando-os fiáveis mesmo quando os dados são limitados ou altamente variáveis.

Em conjunto, a adoção de materiais inovadores e a aprendizagem automática na produção de betão não só apoiam práticas sustentáveis, como também proporcionam uma abordagem baseada em dados para obter soluções de construção de elevado desempenho, rentáveis e ambientalmente conscientes.

CAPÍTULO 3: METODOLOGIA

Este estudo tem como objetivo comparar as propriedades de resistência do betão convencional, do betão com areia M e do betão de laterite em três classes (M20, M25, M30), de acordo com as normas indianas. A metodologia está estruturada em três fases principais: Revisão da literatura, investigação principal e conclusões e recomendações. Além disso, serão utilizadas técnicas de aprendizagem automática, incluindo regressão linear , máquinas de vectores de apoio (SVM), florestas aleatórias, reforço de gradiente e árvores de decisão , para prever e analisar os resultados de resistência com base nos parâmetros de conceção da mistura. Com a utilização destes algoritmos, o estudo pretende aumentar a precisão e a eficiência na avaliação das propriedades mecânicas de diferentes tipos de betão, minimizando a necessidade de ensaios físicos extensivos e permitindo a otimização de projectos de misturas com base em dados.

3.1 FASE 1: REVISÃO DA LITERATURA

Foi realizada uma revisão exaustiva da literatura para recolher informações de investigações anteriores sobre as propriedades de resistência de vários tipos de betão. As fontes incluíram livros didácticos, revistas académicas, actas de seminários e conferências e artigos de investigação para estabelecer uma sólida compreensão fundamental dos conhecimentos actuais nesta área.

3.2 FASE 2: INVESTIGAÇÃO PRINCIPAL

A investigação principal envolve as seguintes etapas para atingir os objectivos do estudo:

1. **Avaliação dos métodos de conceção de misturas e dos resultados dos ensaios:**
   A avaliação centrar-se-á nos métodos de conceção das misturas e nos resultados dos ensaios de resistência para cada um dos três

tipos de betão: betão convencional, betão com areia M e betão com laterite.

2. **Ensaios de betão:**
   As amostras de cada tipo de betão serão preparadas e ensaiadas de acordo com as normas indianas para os graus M20, M25 e M30, a fim de avaliar as suas caraterísticas de resistência.
3. **Apresentação e análise de dados:**
   Os resultados dos testes serão apresentados sob a forma de gráficos, seguidos de uma interpretação e discussão aprofundadas dos resultados.
4. **Desenvolvimento de modelos de aprendizagem automática:**
   Com base nos resultados dos ensaios, será desenvolvido um modelo de aprendizagem automática que permitirá estabelecer relações preditivas entre a resistência à compressão e o tipo de betão nos diferentes tipos.
5. **Conclusões e recomendações:**
   As conclusões serão tiradas com base nos resultados, e serão fornecidas recomendações práticas para aplicações de betão utilizando materiais convencionais, areia M e laterite.

3.3 IMPLICAÇÕES PRÁTICAS

Os resultados deste estudo oferecerão conhecimentos práticos para:

1. **Engenheiros e arquitectos:**
   Os resultados ajudarão a selecionar o tipo adequado de areia (areia M ou areia de rio) com base na trabalhabilidade e na resistência à compressão pretendidas, permitindo decisões informadas que optimizem o desempenho do betão.
   Empreiteiros:
   Os empreiteiros podem aplicar os resultados da investigação para melhorar a qualidade e a durabilidade das estruturas de betão, escolhendo materiais que satisfaçam requisitos específicos de trabalhabilidade e resistência.

Investigadores:
Este estudo fornecerá uma base para outras investigações sobre materiais alternativos no betão, tais como durabilidade, relação custo-eficácia e considerações ambientais, fazendo avançar a tecnologia do betão.

2. **Normas do sector da construção:**
Os resultados podem apoiar actualizações das normas de construção, incorporando orientações sobre a seleção do tipo de areia para garantir práticas de construção fiáveis.
3. **Construção sustentável:**
A investigação apoia práticas sustentáveis através da avaliação de materiais alternativos como o solo laterítico, contribuindo para a eficiência dos recursos e reduzindo a dependência da areia do rio, que é frequentemente escassa ou sensível do ponto de vista ambiental.

3.4 RESUMO

As conclusões deste estudo orientarão engenheiros, arquitectos, empreiteiros, investigadores e partes interessadas da indústria na otimização do desempenho do betão, apoiando práticas sustentáveis e informando as normas de construção.

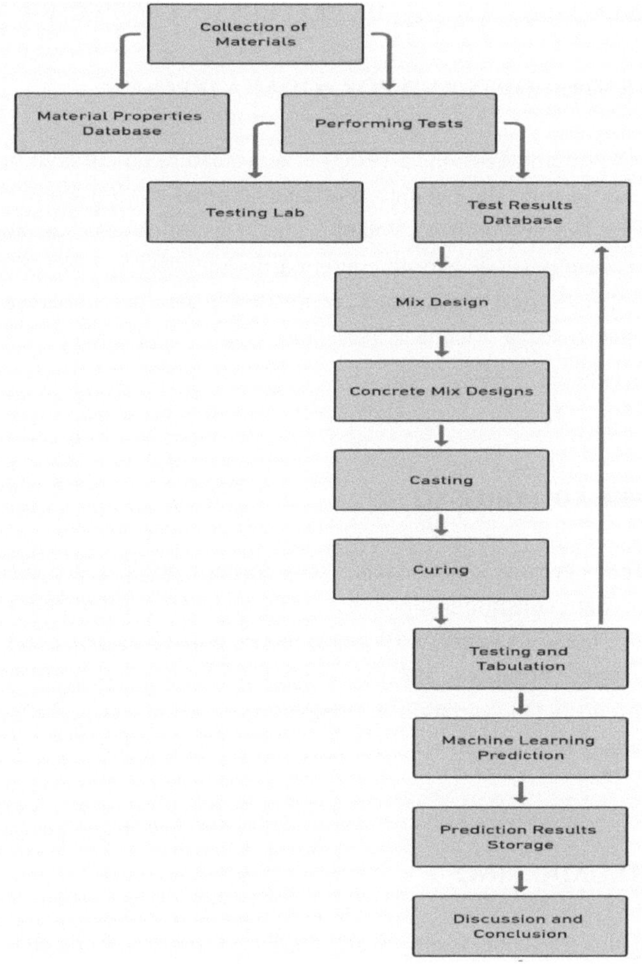

Figura 3.1 Fluxograma

CAPÍTULO 4: AQUISIÇÃO DE MATERIAIS E ESPECIFICAÇÕES

4.1 CIMENTO PORTLAND POZZOLANA (PPC)

O cimento Portland Pozzolana (PPC) é uma mistura de cimento produzida através da mistura de cimento Portland normal (OPC) com materiais pozolânicos, tais como cinzas volantes ou cinzas vulcânicas, variando entre 15% e 35% em peso, de acordo com a norma indiana IS: 1489 (Parte 1). O PPC é conhecido pela sua finura e menor densidade em comparação com o OPC, o que o torna adequado para aumentar a durabilidade e reduzir a permeabilidade do betão.

4.2 AGREGADO GROSSO

Os agregados grossos são essenciais para conferir resistência e estabilidade ao betão. São constituídos por materiais naturais, como pedra britada, cascalho ou betão reciclado, com partículas de tamanho superior a 4,75 mm, de acordo com a norma IS: 383. Os agregados grossos proporcionam volume e estrutura ao betão, variando normalmente entre 10 mm e 20 mm, e são selecionados com base no seu tamanho, forma e resistência.

4.3 AGREGADO FINO

Os agregados finos consistem em areia natural ou partículas de pedra britada com menos de 4,75 mm, conforme especificado na IS: 383. Estes agregados contribuem para a trabalhabilidade, preenchendo os espaços entre os agregados grossos e criando uma mistura de betão uniforme. A areia natural e a areia manufacturada são agregados finos normalmente utilizados no betão.

4.4 AREIA MANUFACTURADA (M-SAND)

A areia manufacturada, ou M-Sand, é produzida através da trituração de rochas duras em partículas angulares do tamanho de areia, de acordo com as diretrizes da IS: 383. É considerada uma alternativa sustentável à areia do rio, amplamente adoptada na construção devido à sua resistência e durabilidade comparáveis. A areia M é submetida a processos como a peneiração e a lavagem para eliminar as partículas finas e as impurezas. Normalmente, tem uma densidade aparente e uma gravidade específica semelhantes às da areia de rio e cumpre os requisitos de absorção de sedimentos e água especificados nas normas indianas.

4.5 SOLO LATERÍTICO

O solo laterítico, conhecido pelo seu rico teor de óxido de ferro e alumínio, surgiu como um agregado fino alternativo no betão, especialmente em regiões tropicais onde se forma naturalmente sob condições de elevada humidade e lixiviação. Tradicionalmente utilizado na construção para blocos de construção e elementos estruturais, o solo laterítico oferece múltiplos benefícios quando integrado em misturas de betão. Aumenta a trabalhabilidade e a coesão do betão, resultando numa mistura suave e manejável que se adequa a aplicações que requerem uma elevada trabalhabilidade. Embora o solo laterítico possa não corresponder totalmente à resistência dos agregados finos convencionais, como a areia de rio, a sua utilização pode produzir uma resistência à compressão satisfatória quando corretamente graduado e combinado com ligantes como o cimento Portland Pozzolana (PPC). Além disso, a laterite contribui para a durabilidade do betão, especialmente em ambientes húmidos ou agressivos, uma vez que os seus óxidos de ferro e alumínio ajudam a resistir aos efeitos da intempérie. A disponibilidade local do solo oferece uma opção sustentável e económica, minimizando as necessidades de transporte e conservando os recursos naturais de areia dos rios. No entanto, o solo laterítico tem geralmente uma maior absorção de água do que os agregados tradicionais, exigindo um ajuste cuidadoso da relação água-cimento para manter as propriedades desejadas do betão. Embora este solo tenha uma densidade relativamente baixa, o que pode ser vantajoso em aplicações leves, a classificação adequada e a dimensão das partículas devem cumprir as especificações da norma indiana IS: 383 para garantir um desempenho ótimo. Em geral, a utilização de solo de laterite como agregado fino apoia práticas de construção sustentáveis, particularmente em áreas com depósitos abundantes, oferecendo uma alternativa prática e de origem local à areia de rio convencional.

4.6 RESUMO

O capítulo quatro aborda a aquisição e as especificações dos principais materiais utilizados na produção de betão, centrando-se no cimento Portland Pozzolana (PPC), nos agregados grossos e finos, na areia fabricada (M-Sand) e no solo laterítico. O PPC, em conformidade com as normas IS: 1489, é uma mistura de cimento conhecida por aumentar a durabilidade e reduzir a permeabilidade. Os agregados grossos, que consistem em materiais como a pedra britada com mais de 4,75 mm, de acordo com a IS: 383, proporcionam resistência e volume, enquanto os agregados finos, como a areia natural ou fabricada, asseguram uma mistura de betão trabalhável e uniforme. A areia M, produzida através da trituração de rochas de acordo com a norma IS: 383, constitui uma alternativa sustentável à areia do rio, satisfazendo os requisitos essenciais de construção. O solo laterítico, rico em óxidos de ferro e alumínio, oferece uma opção de origem local, particularmente em áreas tropicais, melhorando a trabalhabilidade e apoiando práticas ecológicas ao reduzir a utilização de areia natural e as necessidades de transporte. No entanto, devido à sua maior absorção de água, são necessários ajustes cuidadosos da relação água-cimento. De um modo geral, o Capítulo 4 realça as escolhas de materiais sustentáveis para um betão rentável e durável.

CAPÍTULO 5: TESTES E RESULTADOS

5.1 COMPREENDER A GRAVIDADE ESPECÍFICA E O MÓDULO DE FINURA NOS MATERIAIS DE CONSTRUÇÃO

Quadro 5.1 Propriedades dos materiais de construção

Tipo de teste	Valor
Gravidade específica do cimento	3
Gravidade específica da areia	2.645
Gravidade específica da areia M	2.675
Gravidade específica do solo laterítico	3.13
Finura do cimento	4
Módulo de finura da areia	4.015
Módulo de finura da areia M	4.345
Módulo de finura do solo laterítico	4.888

A tabela fornecida destaca a gravidade específica e o módulo de finura de vários materiais de construção, como o cimento, a areia, a areia manufacturada (M Sand) e o solo laterítico. Estas propriedades são essenciais para avaliar a adequação e o desempenho dos materiais em aplicações de estabilização do betão e do solo, uma vez que influenciam a resistência, a durabilidade e a capacidade de trabalho.

5.1.1 Gravidade específica

A gravidade específica é uma medida da densidade de um material em relação à água e fornece informações sobre a sua compacidade e capacidade de suporte de carga. Por exemplo, o cimento, com uma gravidade específica de 3, indica uma composição densa, que contribui significativamente para a resistência e longevidade das estruturas de betão. A investigação demonstrou que a gravidade específica desempenha um papel na otimização da mistura de cimento, em que uma gravidade específica mais elevada pode conduzir a um produto final mais forte (Pongsivasathit et al., 2019). A gravidade específica dos agregados finos, como a areia e a areia M, com valores em torno de 2,645 e 2,675, desempenha um papel crucial na determinação da trabalhabilidade, resistência e durabilidade do betão. Agregados com gravidade específica mais elevada conduzem geralmente a um betão mais denso e menos poroso, aumentando a sua resistência à compressão e reduzindo a permeabilidade, o que é benéfico para a durabilidade a longo prazo. Os agregados finos de gravidade específica elevada contribuem para um melhor empacotamento das partículas, o que reduz o conteúdo de vazios na mistura de betão, diminuindo assim a necessidade de água e permitindo uma mistura mais trabalhável sem comprometer a relação água-cimento. Esta otimização permite a criação de um betão mais forte, com um menor risco de fissuração e uma melhor resistência aos factores ambientais ao longo do tempo (Kandhal et al., 2000), (Salem & Pandey, 2015). O solo laterítico, com uma gravidade específica elevada de cerca de 3,13, serve como substituto parcial da areia e oferece vantagens como o aumento da densidade do betão, aumentando a sua resistência à compressão, especialmente em níveis de substituição mais baixos (10-30%). O betão laterizado - em que o solo laterítico substitui parcialmente a areia tradicional - pode manter uma resistência estrutural e uma durabilidade adequadas. Estudos indicam que a composição única do solo laterítico o torna viável para o betão, particularmente em áreas onde a areia do rio é escassa ou dispendiosa. Por exemplo, a resistência à compressão em misturas de betão contendo laterite mantém-se satisfatória, embora se verifique uma ligeira diminuição da resistência à tração em níveis de substituição mais elevados (Karra et al., 2016).

5.1.2 Finura e módulo de finura

A finura e o módulo de finura (FM) ilustram ainda mais o papel dos materiais na construção. A finura do cimento, assinalada com 4 na tabela, indica a distribuição do tamanho das partículas, afectando a taxa de hidratação do cimento e a resistência do betão. As partículas mais finas aumentam a taxa de hidratação e resistência do cimento, uma caraterística importante em aplicações de betão de cura rápida (Soltani et al., 2021). O módulo de finura da areia, de 4,015, indica que é moderadamente grossa, o que ajuda a reduzir os espaços vazios nas misturas de betão, melhorando a resistência à compressão e a estabilidade. A areia M, com um FM ligeiramente superior de 4,345, é ainda mais grosseira e, por conseguinte, reduz a necessidade de água nas misturas de betão, melhorando a trabalhabilidade e a resistência do betão (Jagadeesh et al., 2016). O solo laterítico tem uma FM de 4,888, o que o torna o mais grosseiro dos materiais listados, ideal para proporcionar estabilidade estrutural em misturas de solo-cimento. A natureza grosseira do solo laterítico melhora as propriedades mecânicas das camadas estabilizadas, tornando-o um componente valioso para aplicações de suporte de carga (Pongsivasathit et al., 2019).

Em conclusão, os valores da gravidade específica e do módulo de finura da tabela destacam as caraterísticas únicas de cada material e a sua influência nos resultados da construção. Enquanto a gravidade específica afecta a densidade e a estabilidade das misturas, o módulo de finura tem impacto na capacidade de trabalho e na resistência, permitindo aos engenheiros selecionar materiais que optimizem os esforços de estabilização do betão e do solo para aplicações específicas.

5.1.3 Análise granulométrica da areia M

Quadro 5.2 Análise granulométrica da areia

Tamanho do peneiro (mm)	Peso retido(g)	Peso acumulado retido	Acumulado retido(%)	Aprovação (%)
4.75	0	0	0	100
2.36	120	6	6	94
1.18	560	28	34	66
600μ	740	37	71	29
300μ	430	21.5	92.5	7.5
150μ	110	5.5	98	2
25μ	40	2	100	0
panela	0	0	0	0
Total	2000			

Módulo de finura = (soma das percentagens acumuladas de peso retido)/100
= (401.5/100)
= 4.015

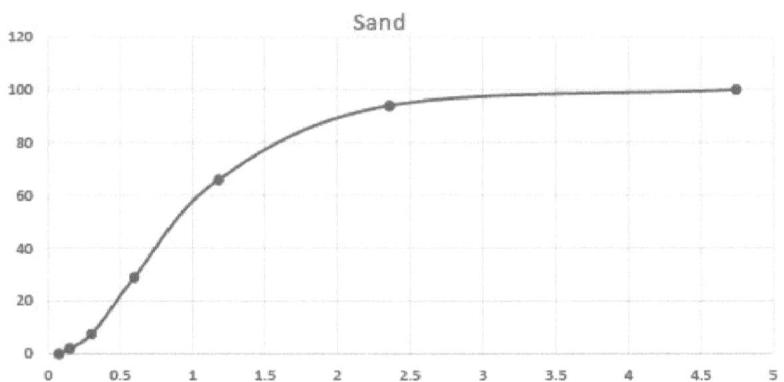

Figura 5.1 Gráfico da análise granulométrica do agregado fino

A análise granulométrica da amostra de areia fornece uma visão abrangente da sua distribuição granulométrica, essencial para avaliar a sua utilização na construção. A análise começa com 100% da areia a passar pelo peneiro de 4,75 mm, mostrando que não existem partículas grandes. Na peneira de 2,36 mm, 6% do peso da amostra é retido, restando 94% de passagem, o que indica a presença de partículas moderadamente grossas. Quando o tamanho da peneira diminui para 1,18 mm, o peso acumulado retido sobe para 34%, o que significa que 66% ainda passam, mostrando uma quantidade significativa de partículas médio-grossas. Na peneira de 600 µm, 71% do peso total é cumulativamente retido, com 29% passando, indicando que a maioria das partículas é de tamanho médio. A peneira de 300 µm retém 92,5% cumulativamente, com apenas 7,5% de partículas mais finas passando, mostrando uma predominância de frações mais grossas. O peneiro de 150 µm atinge uma retenção cumulativa de 98%, deixando passar apenas 2%, indicando que restam muito poucas partículas finas. No peneiro de 25 µm, é atingida uma retenção de 100%, sem que nenhuma partícula passe para o tabuleiro, confirmando a ausência de partículas muito finas. A análise global mostra que a amostra de areia tem uma gradação grosseira com um módulo de finura de 4,015, sugerindo que pode ser menos ideal para misturas que requerem areia mais fina, uma vez que pode afetar a trabalhabilidade e exigir ajustes para melhorar a consistência e a coesão do betão.

5.1.4 Análise granulométrica da areia M

A análise granulométrica de agregados finos é um teste importante, normalmente realizado em laboratórios para determinar a distribuição do tamanho das partículas e garantir a adequação para utilização em misturas de betão ou argamassa. Os agregados, que são materiais inertes misturados com agentes ligantes como o cimento ou a cal, actuam como enchimentos e são componentes essenciais no fabrico de argamassa e betão. Os tamanhos dos agregados vão desde os agregados grossos (até vários centímetros) até às partículas finas, como a areia. Os agregados finos e grossos ocupam geralmente 60% a 75% do volume do betão ou 70% a 85% em massa, influenciando significativamente as propriedades do betão fresco e endurecido, bem como as proporções globais da mistura e a sua economia. Os agregados que passam através de um peneiro IS 4,75 mm são classificados como agregados finos. O procedimento de análise granulométrica visa avaliar a distribuição granulométrica dos agregados finos para confirmar a sua adequação à utilização na mistura de betão.

Quadro 5.3 Análise granulométrica da areia M

Sieve size(mm)	Weight Retained(g)	Cumulative Weight Retained	Cumulative Retained(%)	Passing(%)
4.75	0	0	0	100
2.36	290	14.5	14.5	85.5
1.18	380	90	33.5	66.5
600	220	11	44.5	55.5
300	450	22.5	67	33
150	270	13.5	80.5	19.5
750	280	14	94.5	5.5
pan	110	5.5	100	0
Total	2000			

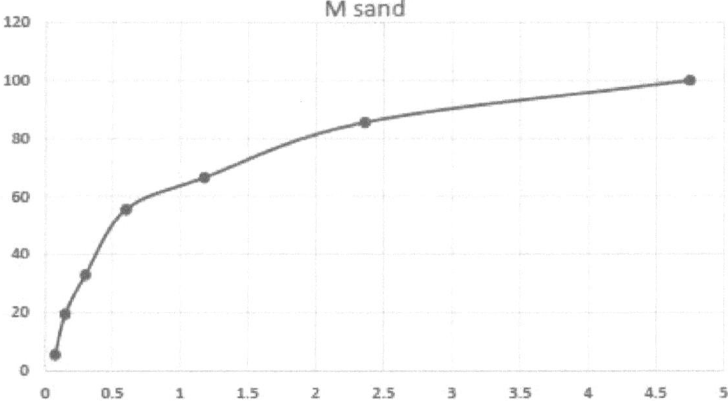

Figura 5.2 Gráfico da análise granulométrica do agregado fino

Módulo de finura = (soma das percentagens acumuladas de peso retido)/100
= (434.5/100)
= 4.345

A análise granulométrica da areia M revela uma distribuição granulométrica detalhada que é crucial para compreender a sua adequação na produção de betão. A amostra começa com 100% do material a passar pelo peneiro de 4,75 mm, indicando que nenhuma partícula é maior do que este tamanho. Na peneira de 2,36 mm, 14,5% do peso total é retido, o que significa que 85,5% passa, mostrando uma porção substancial de partículas mais finas. À medida que o tamanho do peneiro diminui para 1,18 mm, 33,5% da amostra é cumulativamente retida, deixando passar 66,5%, indicando uma distribuição mais fina contínua. No peneiro de 600 µm, o peso acumulado retido atinge 44,5%, com 55,5% de passagem, sugerindo que a maioria das partículas é mais fina do que este tamanho. O peneiro de 300 µm retém cumulativamente 67%, deixando passar 33% das partículas mais finas. Esta tendência mantém-se com o peneiro de 150 µm que retém 80,5%, deixando passar apenas 19,5%, o que revela uma concentração de partículas muito finas. No peneiro de 75 µm, 94,5% são retidos, com apenas 5,5% das partículas mais pequenas a passarem para o tabuleiro, que capta a parte mais fina com 5,5%. Globalmente, esta análise granulométrica indica que a amostra de areia M tem uma distribuição granulométrica bem graduada, predominantemente composta por partículas mais finas do que 1,18 mm mas maiores do que 150 µm. Esta gradação contribui para uma boa trabalhabilidade e compactação do betão, uma vez que as areias bem graduadas melhoram o empacotamento das partículas, reduzindo os vazios e ajudando a obter misturas coesas que resistem à segregação.

5.1.5 Análise granulométrica do solo laterítico

A análise granulométrica da amostra de solo laterítico revela a sua distribuição granulométrica, essencial para avaliar a sua utilização como agregado fino na construção. A análise começa com a ausência de material retido na peneira de 4,75 mm, indicando que todas as partículas são mais finas que essa dimensão, com 100% de passagem. Na peneira de 2,36 mm, 660 g (33% do total da amostra) são retidos, restando 67% de passagem. O peneiro de 1,18 mm retém mais 410 g, elevando o acumulado retido para 53,5%, com 46,5% de passagem. No peneiro de 600 µm, são retidos 130 g, resultando num acumulado de 60% de retenção e 40% de passagem. O peneiro de 300 µm apresenta 210 g retidos, aumentando a percentagem acumulada para 70,5%, com 29,5% ainda passante. O peneiro de 150 µm retém 188 g, elevando a percentagem acumulada de retenção para 79,9% e deixando passar 20,1%. O peneiro de 75 µm retém 240 g, o que aumenta o acumulado retido para 91,9%, deixando passar apenas 8,1%. Por fim, a panela capta as partículas mais finas, totalizando 162 g, o que completa o acumulado retido em 100%, indicando que não há mais partículas passantes. Esta distribuição ilustra que o solo laterítico tem uma vasta gama de tamanhos de partículas, desde areias finas a finos siltosos, o que tem impacto na sua adequação para utilização em betão, uma vez que afecta propriedades como a trabalhabilidade e a compactação.

Quadro 5.4 Análise granulométrica do solo laterítico

Tamanho do peneiro (mm)	Peso retido(g)	Peso acumulado retido	Acumulado retido(%)	Aprovação (%)
4.75	0	0	0	100
2.36	660	33	33	67
1.18	410	20.5	53.5	46.5
600	130	6.5	60	40
300μ	210	10.5	70.5	29.5
150μ	188	9.4	79.9	20.1
75μ	240	12	91.9	8.1
panela	162	8.1	100	0
Total	2000			

Módulo de finura = (soma das percentagens acumuladas de peso retido)/100
= (488.8/100)
= 4.888

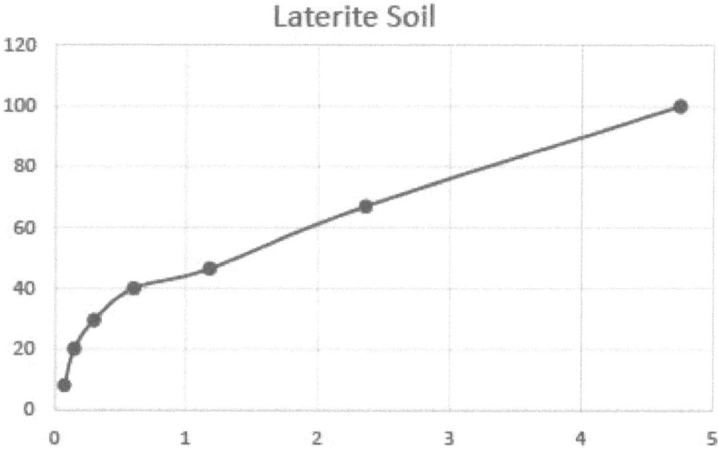

Figura 5.3 Gráfico da análise granulométrica da laterite

5.2 PREPARAÇÃO DOS MOLDES

Os cubos são moldados utilizando moldes de cubo padrão. O slump e o fator de compactação são medidos no momento da moldagem dos cubos. Os espécimes de cubo são desmoldados após 24 horas e depois curados durante 7 e 28 dias.

Figura 5.4 Tamanho dos moldes 150x150mm

5.3 PREPARAÇÃO DO BETÃO

5.3.1 Betão convencional

O betão é um material de construção versátil e amplamente utilizado que é formado pela mistura de cimento, agregados finos e grossos, água e, frequentemente, aditivos químicos para obter as propriedades desejadas. O betão convencional utiliza normalmente o cimento Portland como agente aglutinante, combinado com areia e pedra britada ou cascalho como agregados. A conceção da mistura de betão é essencial para atingir a resistência e a durabilidade especificadas, mantendo a eficiência de custos. Neste contexto, o betão convencional é concebido utilizando rácios de mistura por volume ou peso, que determinam as proporções de cimento, agregado fino e agregado grosso na mistura.

As misturas nominais de betão convencional, tais como M20, M25 e M30, são preparadas utilizando proporções específicas de cimento para agregados. Por exemplo, o betão M20 pode seguir uma proporção de mistura de 1:2,27:3,42, o M25 de 1:1,96:3,11 e o M30 de 1:1,68:2,79, indicando as partes de cimento, agregado fino e agregado grosso, respetivamente. Estas misturas são projectadas para atingir uma resistência específica à compressão aos 28 dias, medida em N/mm^2. A conceção da mistura de betão é um aspeto fundamental para garantir a uniformidade, a trabalhabilidade e a resistência em projectos de construção de grande escala.

O processo de fabrico do betão convencional envolve várias etapas críticas: dosear os materiais para garantir as proporções adequadas, misturar para obter homogeneidade e compactar o betão fresco para remover o ar aprisionado e garantir a densidade. A cura adequada do betão, frequentemente por períodos de 7 ou 28 dias, é vital para permitir a hidratação e o desenvolvimento da resistência. O betão convencional foi inicialmente concebido para suportar cargas de compressão, mas as concepções modernas de misturas podem incorporar vários aditivos e reforços para melhorar propriedades como a resistência à tração, a durabilidade e a resistência a factores ambientais.

A IS 456:2000 classifica o betão em várias classes, de M10 a M40, com base na sua resistência à compressão do cubo a 28 dias. O "M" indica a mistura e o número indica a resistência pretendida em N/mm². Esta normalização ajuda a selecionar a mistura de betão adequada para diferentes aplicações de construção, garantindo a integridade estrutural e o desempenho a longo prazo.

5.3.2 Betão com areia M

A areia M, ou areia manufacturada, é uma areia artificial produzida pela trituração de rocha ou granito para fins de construção, utilizada em cimento ou betão. Neste caso, são utilizados betões de grau M20 (1:2,27:3,42), M25 (1:1,96:3,11) e M30 (1:1,68:2,79). Os provetes em forma de cubo são moldados e colocados num tanque de cura durante 7 e 28 dias antes de serem testados.

5.3.3 Betão com solo laterítico

O solo laterítico é rico em óxido de ferro e é derivado da meteorização de uma grande variedade de rochas sob condições fortemente oxidantes e lixiviantes. Neste caso, são utilizados betões de grau M20 (1:2,27:3,42), M25 (1:1,96:3,11) e M30 (1:1,68:2,79). Os provetes em forma de cubo são moldados e colocados num tanque de cura durante 7 e 28 dias antes de serem testados.

5.4 CURA

A cura envolve a manutenção da superfície do betão num estado húmido para garantir uma hidratação adequada. Ao manter o betão húmido, a ligação entre a pasta e os agregados é reforçada. O betão não endurecerá corretamente se secar prematuramente. A cura começa imediatamente após a superfície do betão ter sido terminada e estar suficientemente forte para não ser danificada. Quanto mais tempo o betão estiver curado, mais próximo estará de atingir a sua resistência e durabilidade ideais. O betão corretamente curado é menos propenso a fissurar. Os espécimes são retirados dos moldes 24 horas após a moldagem e são imediatamente colocados em água para evitar a perda de humidade e assegurar uma hidratação contínua.

Figura 5.5 Espécimes em processo de cura

5.5 TESTES

5.5.1 ENSAIO DE ABATIMENTO

O ensaio de abatimento é um método para avaliar a consistência do betão fresco. Serve como um controlo indireto para garantir que foi adicionada a quantidade correta de água à mistura. O cone de abatimento de aço, que tem uma altura de 300 mm, um diâmetro inferior de 200 mm e um diâmetro superior de 100 mm, é colocado numa base sólida, não absorvente e nivelada. O cone é preenchido com betão fresco em três camadas iguais, e cada camada é compactada 25 vezes utilizando uma vareta de compactação padrão (16 mm de diâmetro e 600 mm de comprimento) para garantir uma compactação adequada. A camada superior é nivelada com o topo do cone.

O cone é então cuidadosamente levantado na vertical, sem qualquer movimento lateral ou de torção, deixando o betão a abater. O cone de abatimento virado para cima é colocado junto ao betão, servindo de ponto de referência. A diferença de altura entre o topo do cone de abatimento e o ponto mais alto do betão abatido é medida e registada com uma aproximação de 5 mm, indicando o valor do abatimento.

A queda pode assumir uma de três formas:

- **Abatimento verdadeiro**: O betão afunda-se uniformemente, mantendo a sua forma. Este tipo de abatimento é o único considerado válido para a avaliação da consistência.
- **Abatimento por cisalhamento**: A parte superior do betão desprende-se e desliza para o lado, indicando uma potencial segregação ou compactação irregular.
- **Abatimento por colapso**: O betão colapsa completamente, o que sugere uma mistura demasiado húmida ou uma mistura de elevada trabalhabilidade, que deve ser avaliada através de um ensaio de escoamento.

Se ocorrer um abatimento por cisalhamento ou colapso, deve ser recolhida uma nova amostra e o ensaio deve ser repetido para obter uma medida exacta da consistência.

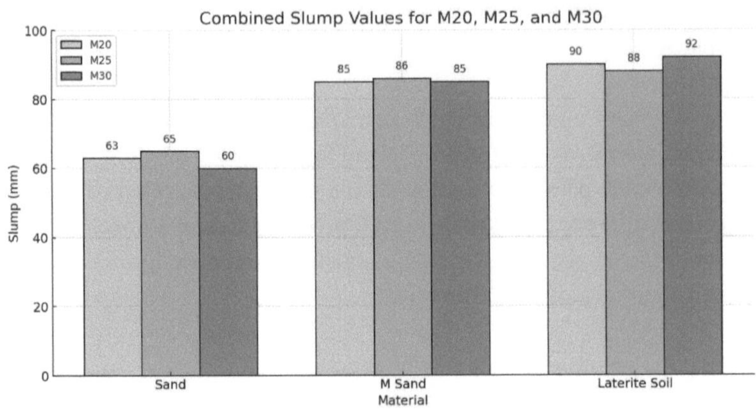

Figura 5.6 Gráfico do ensaio de abatimento para vários tipos de betão

O diagrama ilustra os valores de abatimento para três graus de mistura de betão M20, M25 e M30 quando testados com diferentes agregados finos: Areia, areia M (areia manufacturada) e solo laterítico. O ensaio de abatimento, uma medida da trabalhabilidade ou fluidez do betão fresco, mostra que valores mais elevados representam uma maior trabalhabilidade. Para a areia, os valores do abatimento são relativamente consistentes, com M20, M25 e M30 a registarem 63 mm, 65 mm e 60 mm, respetivamente, indicando uma trabalhabilidade moderada. Quando se utiliza a Areia M, os valores de abatimento aumentam significativamente para 85 mm para M20, 86 mm para M25 e 85 mm para M30, evidenciando uma melhoria substancial da trabalhabilidade em relação à areia natural. Os resultados mais notáveis são observados com o Solo Laterítico, que apresenta os valores de abatimento mais elevados em todos os graus, medindo 90 mm para o M20, 88 mm para o M25 e 92 mm para o M30. Isto sugere que o solo laterítico proporciona a maior trabalhabilidade entre os materiais testados, tornando-o potencialmente vantajoso para aplicações em que se pretende uma maior fluidez. Em geral, o gráfico sublinha que os materiais alternativos, como a areia M e o solo laterítico, podem melhorar significativamente a trabalhabilidade das misturas de betão em comparação com a areia tradicional.

Figura 5.7 Ensaio de abatimento por cone

5.6 ENSAIO DE COMPRESSÃO

O procedimento para calcular a resistência do betão (ensaio em cubos), de acordo com as normas indianas, envolve várias etapas críticas para garantir a exatidão e a conformidade com as diretrizes das normas IS 516 e IS 456. Em primeiro lugar, a mistura de betão preparada é colocada em moldes de cubos de aço, medindo tipicamente 150 mm x 150 mm x 150 mm, em camadas, sendo cada camada compactada com uma vareta de compactação com 25 pancadas por camada. O betão moldado é deixado sem perturbações durante 24 ± 1 hora a uma temperatura de 27 ± 2°C. Após este período, os cubos são cuidadosamente retirados dos moldes e submersos num tanque de cura cheio de água limpa mantida a 27 ± 2°C até ao dia do ensaio. Os espécimes devem permanecer submersos durante o período estipulado, normalmente 7 ou 28 dias, para garantir uma cura adequada.

Antes do ensaio, qualquer excesso de água na superfície do provete deve ser limpo, assegurando que o provete se encontra numa condição de superfície saturada e seca. Embora não seja obrigatório para todos os ensaios, o peso do provete pode ser registado para verificar a sua densidade, que deve estar de acordo com a densidade esperada do betão e com o tamanho do cubo. O provete é então colocado na máquina de ensaios de compressão (CTM), posicionado de forma a que a carga seja aplicada perpendicularmente à direção de vazamento. É essencial verificar se não existem partículas soltas nas placas metálicas da máquina ou na superfície do provete.

A carga é aplicada continuamente e sem choque a uma taxa especificada, tipicamente 14 N/mm^2 por minuto (± 2 N/mm^2), de acordo com a IS 516 (1959). A carga continua até o provete falhar, e a carga máxima aplicada é registada. A resistência à compressão do betão é calculada utilizando a fórmula $F=P/A$, em que F representa a resistência à compressão (em MPa), P é a carga máxima aplicada à rotura (em N) e A é a área da secção transversal do provete (em mm^2). Para um cubo de 150 mm, $A=150\times150$. Os resultados devem ser analisados de acordo com a IS 456:2000 para garantir que os critérios de qualidade e aceitação do betão são cumpridos.

Figura 5.8 Ensaio de compressão em cubo

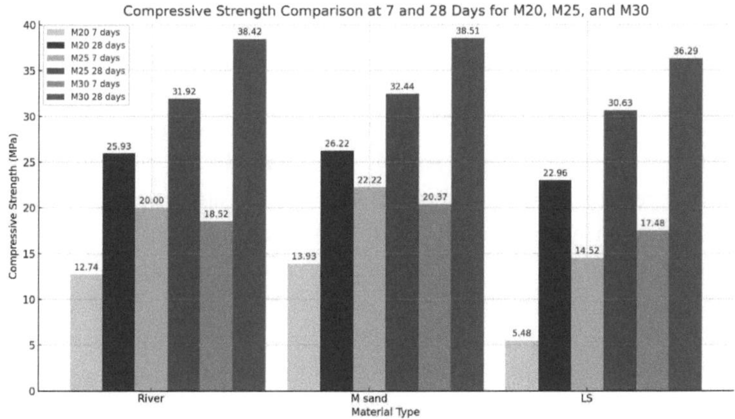

Figura 5.9 Resultados da resistência à compressão para diferentes graus de betão

O gráfico ilustra a resistência à compressão do betão utilizando areia de rio, areia M e solo laterítico (LS) nas misturas M20, M25 e M30 aos 7 e 28 dias. Para a **areia de rio**, a mistura M20 apresentou um aumento de 12,74 MPa aos 7 dias para 25,93 MPa aos 28 dias, representando um crescimento de aproximadamente 103,5%. A mistura M25 aumentou de 20,00 MPa para 31,92 MPa (cerca de 59,6% de aumento), e a mistura M30 apresentou o aumento mais substancial de 18,52 MPa para 38,42 MPa, um salto de cerca de 107,5%. **A areia M** seguiu uma tendência semelhante: A M20 aumentou 88,3% (13,93 MPa para 26,22 MPa), a M25 45,9% (22,22 MPa para 32,44 MPa) e a M30 89,0% (20,37 MPa para 38,51 MPa). Estes resultados evidenciam que tanto a areia do rio como a areia M tiveram um desempenho comparável, alcançando elevadas resistências à compressão, particularmente na mistura M30.

O solo laterítico (LS) apresentou resistências à compressão iniciais mais baixas, mas os maiores aumentos percentuais relativos. Para a mistura M20, a LS aumentou em 318,8%, de 5,48 MPa aos 7 dias para 22,96 MPa aos 28 dias. A mistura M25 aumentou de 14,52 MPa para 30,63 MPa (aproximadamente 110,9%), e a mistura M30 cresceu cerca de 107,6%, de

17,48 MPa para 36,29 MPa. Embora o LS tenha registado ganhos percentuais notáveis, não atingiu as resistências máximas observadas na areia do rio e na areia M.

Em conclusão, enquanto a **areia M** e **a areia do rio** demonstraram as melhores resistências à compressão para aplicações estruturais, especialmente na mistura M30, **o solo laterítico** mostrou um crescimento relativo promissor, mas permaneceu menos adequado para aplicações que exigem uma resistência mais elevada. A areia M e a areia do rio são, portanto, as escolhas ideais quando se dá prioridade a uma elevada resistência à compressão, sendo o solo laterítico um candidato potencial para aplicações que podem tolerar uma resistência inicial mais baixa, mas que beneficiam de ganhos significativos a longo prazo.

5.7 APRENDIZAGEM AUTOMÁTICA

5.7.1 Introdução

A integração de técnicas de aprendizagem automática (ML) na engenharia civil melhorou significativamente a capacidade de prever as propriedades mecânicas dos materiais de construção, como a resistência à compressão do betão. As capacidades de previsão destes modelos reduzem a necessidade de procedimentos experimentais extensos e demorados, oferecendo soluções mais eficientes para avaliações de engenharia. A variedade de algoritmos de ML aplicados a este problema inclui regressão linear, árvores de decisão, florestas aleatórias, máquinas de vectores de suporte (SVM) e métodos de conjunto como o gradient boosting. Cada um destes algoritmos apresenta pontos fortes e limitações únicas.

A regressão linear é uma abordagem fundamental que assume uma relação linear direta entre as variáveis de entrada e o resultado pretendido. Apesar da sua simplicidade, este algoritmo pode ser limitado na captação de padrões de dados mais complexos. As árvores de decisão, por outro lado, oferecem uma abordagem mais sofisticada, dividindo os dados em ramos baseados em regras de decisão, o que lhes permite captar relações não lineares de forma mais eficaz. A sua facilidade de interpretação e a capacidade de tratar caraterísticas categóricas e contínuas tornam-nas populares em aplicações de engenharia (Chou et al., 2014). As florestas aleatórias baseiam-se neste conceito, gerando múltiplas árvores de decisão e combinando as suas previsões para melhorar a robustez do modelo e reduzir o sobreajuste, uma vantagem significativa destacada em estudos centrados na previsão da resistência do betão (Xu et al., 2021).

As máquinas de vectores de suporte (SVM), particularmente na sua forma de regressão, funcionam encontrando um hiperplano ótimo que minimiza os erros de previsão, o que as torna adequadas para dados de elevada dimensão. No entanto, o seu desempenho pode variar consoante as funções de kernel utilizadas e pode falhar ao lidar com relações complexas e não lineares em dados práticos de engenharia. As técnicas avançadas de conjunto, como o gradient boosting, têm sido amplamente reconhecidas pela sua capacidade de criar aprendizes fortes a partir de modelos treinados sequencialmente. Esta técnica melhora gradualmente a exatidão da previsão ao tratar os erros dos modelos anteriores, tornando-se assim particularmente eficaz em estudos de engenharia civil em que a complexidade dos dados é substancial (Feng et al., 2020) (Nguyen et al., 2021).

5.7.2 Metodologia

Este estudo utilizou dados experimentais recolhidos de ensaios que medem a resistência à compressão do betão em diferentes condições. As caraterísticas do conjunto de dados incluíam o tipo de materiais, o grau de betão, os dias de cura e a resistência à compressão do betão. Os dados foram divididos em conjuntos de treino e de teste, com cinco modelos principais de ML implementados: Regressão Linear (LR), Árvore de Decisão (DT), Floresta Aleatória (RF), Regressor de Vectores de Suporte (SVR) e Gradient Boosting (GB). Estes modelos foram selecionados pelas suas diversas abordagens metodológicas, que vão desde relações lineares simples a previsões complexas baseadas em conjuntos.

A regressão linear serviu de referência devido à sua simplicidade e eficiência computacional. O modelo de árvore de decisão foi escolhido pela sua capacidade de captar interações não lineares entre caraterísticas sem necessidade de escalonamento de caraterísticas. A floresta aleatória, sendo um conjunto de árvores de decisão, foi incluída pela sua maior estabilidade e precisão. O SVR foi incorporado para testar o desempenho da regressão baseada em hiperplanos num espaço multidimensional, enquanto o gradient boosting foi utilizado pelo seu processo de aprendizagem por etapas, que corrige os erros das iterações anteriores.

Os modelos foram avaliados utilizando métricas de desempenho como o erro absoluto médio (MAE), o erro quadrático médio (MSE), a raiz do erro quadrático médio (RMSE) e o R-quadrado (R^2). Estas métricas proporcionaram uma compreensão abrangente da precisão e da fiabilidade de previsão de cada modelo.

5.7.3 Resultados e discussão

A análise demonstrou diferenças distintas no desempenho preditivo dos modelos avaliados. A regressão linear obteve um valor R^2 de 0,943 e um RMSE de 2,091, indicando a sua eficácia para relações lineares, mas mostrando limitações quando aplicada a aspectos não lineares do conjunto de dados.

O modelo de árvore de decisão teve um desempenho excecional, alcançando um R^2 de 0,983 e o RMSE mais baixo de 1,154, destacando a sua capacidade de modelar relações complexas e não lineares de forma eficaz. A floresta aleatória também apresentou um bom desempenho, com um R^2 de 0,953 e um RMSE de 1,895, demonstrando a sua robustez como método de conjunto que agrega vários resultados de modelos para melhorar a precisão.

Em contrapartida, o regressor do vetor de apoio teve um desempenho inferior, produzindo um R^2 de 0,580 e um RMSE de 5,664, o que indica desafios na captura eficaz de não linearidades sem otimização avançada do kernel ou engenharia de caraterísticas.

O Gradient boosting apresentou um desempenho quase ótimo, com um R^2 de 0,980 e um RMSE de 1,239, o que o torna um concorrente próximo do modelo de árvore de decisão. O seu processo iterativo de refinar as previsões através da correção de erros em cada passo revelou-se eficiente para lidar com dados complexos.

Quadro 5.5 Resultados da avaliação do modelo

Modelo	**MAE**	**MSE**	**RMSE**	**R-quadrado**
Regressão linear	1.874	4.373	2.091	0.943
Árvore de decisão	0.971	1.331	1.154	0.983
Floresta aleatória	1.586	3.592	1.895	0.953
Regressor de Vetor de Suporte	4.6	32.082	5.664	0.58
Reforço de gradiente	1.028	1.536	1.239	0.98

5.7.4 Conclusão

Entre os modelos avaliados, o algoritmo de árvore de decisão demonstrou o melhor desempenho preditivo, com o R^2 mais elevado e as métricas de erro mais baixas. Esta conclusão corrobora a literatura mais vasta que reconhece os modelos baseados em árvores como altamente eficazes para aplicações de engenharia civil devido à sua simplicidade e precisão na modelação de relações não lineares. Embora o gradient boosting também tenha fornecido resultados sólidos, a estrutura simples e a interpretabilidade da árvore de decisão tornam-na uma escolha preferível em aplicações práticas (McCarthy et al., 2019) (Tipu et al., 2022). A investigação futura deve centrar-se em aperfeiçoar ainda mais estes modelos através da otimização de hiperparâmetros e da exploração de métodos híbridos para melhorar a precisão das previsões e a generalização dos modelos.

CAPÍTULO 6: CONCLUSÃO

Em conclusão, a análise comparativa mostra que a areia M e a areia do rio são superiores para aplicações estruturais que exigem uma elevada resistência à compressão, particularmente na mistura de betão M30. Estudos como os de Sebastin et al. (2022) e Kavya & Rao (2020) demonstraram que a areia M atinge uma forte resistência à compressão, mantendo um desempenho comparável ou superior ao da areia do rio em misturas de alta qualidade como a M30. Do mesmo modo, Pandey & Rana (2020) reforçaram que as areias artificiais, incluindo a areia M, podem substituir eficazmente a areia do rio nos betões M25 e M30 com uma retenção de resistência adequada. Além disso, Balasubramanian (2019) destacou que a areia M exibiu resistência à compressão superior nesses graus sob condições específicas. Embora o solo laterítico tenha mostrado potencial para ganhos de resistência a longo prazo, as suas limitações iniciais tornam-no menos adequado para aplicações de alta resistência. Consequentemente, a areia M e a areia do rio surgem como as opções mais adequadas quando a resistência à compressão é um fator crítico, enquanto o solo laterítico pode ser explorado para projectos que dão prioridade ao desempenho a longo prazo em relação à resistência inicial. Entre os modelos de previsão avaliados, o algoritmo da árvore de decisão demonstrou uma precisão de previsão superior, conforme indicado pelo seu valor R^2 mais elevado e métricas de erro mínimo. Isso se alinha com a literatura existente, que ressalta a eficácia dos modelos baseados em árvores na engenharia civil por seu equilíbrio entre simplicidade e alto desempenho na modelagem de interações complexas e não lineares (McCarthy et al., 2019), (Tipu et al., 2022). O Gradient boosting também forneceu fortes capacidades de previsão, mas a facilidade de interpretação da árvore de decisão torna-a uma escolha prática em aplicações do mundo real. A investigação futura deve centrar-se no avanço destes modelos através da afinação de hiperparâmetros específicos e do desenvolvimento de abordagens híbridas para melhorar a precisão das previsões e a robustez dos modelos.

Programa Python

```
# Import necessary libraries
import pandas as pd
import numpy as np
import matplotlib.pyplot as plt
from sklearn.model_selection import train_test_split
from sklearn.linear_model import LinearRegression
from sklearn.tree import DecisionTreeRegressor
from sklearn.ensemble import RandomForestRegressor,
GradientBoostingRegressor
from sklearn.svm import SVR
from sklearn.metrics import mean_squared_error, mean_absolute_error,
r2_score

# Load the dataset
data = pd.read_excel('compressive strength.xlsx')  # Use read_excel instead of
read_csv

# Step 1: Data Preprocessing
# Renaming the columns for clarity
data.columns = ['Material', 'Grade', 'Days', 'CompressiveStrength']

# Encoding categorical variables
data_encoded = pd.get_dummies(data, columns=['Material', 'Grade'],
drop_first=True)

# Splitting the data into features (X) and target (y)
X = data_encoded.drop('CompressiveStrength', axis=1)
y = data_encoded['CompressiveStrength']

# Splitting the dataset into training and testing sets
X_train, X_test, y_train, y_test = train_test_split(X, y, test_size=0.2,
random_state=42)

# Step 2: Model Training
# Initializing models
models = {
```

```
    'Linear Regression': LinearRegression(),
    'Decision Tree': DecisionTreeRegressor(random_state=42),
    'Random Forest': RandomForestRegressor(random_state=42,
n_estimators=100),
    'Support Vector Regressor': SVR(),
    'Gradient Boosting': GradientBoostingRegressor(random_state=42,
n_estimators=100)
}

# Training and evaluating models
results = {}
actual_vs_predicted = {}

for model_name, model in models.items():
    # Training the model
    model.fit(X_train, y_train)
    # Making predictions
    y_pred = model.predict(X_test)

    # Evaluating the model
    mse = mean_squared_error(y_test, y_pred)
    mae = mean_absolute_error(y_test, y_pred)
    rmse = np.sqrt(mse)
    r2 = r2_score(y_test, y_pred)

    # Storing results
    results[model_name] = {
        'MAE': mae,
        'MSE': mse,
        'RMSE': rmse,
        'R-squared': r2
    }

    # Storing actual vs predicted for visualization
    actual_vs_predicted[model_name] = pd.DataFrame({'Actual': y_test,
'Predicted': y_pred})

# Converting results to a dataframe for better visualization
results_df = pd.DataFrame(results).T
```

```python
print("Model Evaluation Results:\n", results_df)

# Selecting the best model based on R-squared
best_model_name = results_df['R-squared'].idxmax()
print(f"\nBest performing model: {best_model_name} with R-squared =
{results_df['R-squared'].max()}")

# Step 3: Visualizing Actual vs Predicted values for the best model
best_model_data = actual_vs_predicted[best_model_name]
print(f"\nActual vs Predicted values for {best_model_name}:\n",
best_model_data)

# Plotting Actual vs Predicted values
plt.figure(figsize=(10, 6))
plt.scatter(best_model_data['Actual'], best_model_data['Predicted'], color='blue',
alpha=0.6)
plt.plot([best_model_data['Actual'].min(), best_model_data['Actual'].max()],
    [best_model_data['Actual'].min(), best_model_data['Actual'].max()],
    color='red', linewidth=2)
plt.title(f'Actual vs Predicted Values for {best_model_name}')
plt.xlabel('Actual Values')
plt.ylabel('Predicted Values')
plt.grid(True)
plt.show()
```

REFERÊNCIAS

Aslani, F., & Nejadi, S. (2012). Propriedades mecânicas do betão convencional e autocompactável: Um estudo analítico. *Construction and Building Materials*, 36, 330-347. https://doi.org/10.1016/J.CONBUILDMAT.2012.04.034.

Asteris, P., Skentou, A., Bardhan, A., Samui, P., & Pilakoutas, K. (2021). Prevendo a resistência à compressão do concreto usando um conjunto híbrido de modelos de aprendizado de máquina substitutos. *Pesquisa em Cimento e Concreto*. https://doi.org/10.1016/J.CEMCONRES.2021.106449.

Azmee, N., & Shafiq, N. (2018). Betão de ultra-alto desempenho: Do fundamental às aplicações. *Estudos de caso em materiais de construção*. https://doi.org/10.1016/J.CSCM.2018.E00197.

Balasubramanian, R. (2019). Estudo experimental sobre o comportamento mecânico de diferentes graus de betão M-areia. *Jornal Internacional de Pesquisa Avançada, Idéias e Inovações em Tecnologia*, 5, 253-257.

Chaabene, W., Flah, M., & Nehdi, M. (2020). Previsão de aprendizagem automática das propriedades mecânicas do betão: Critical review. *Construction and Building Materials*, 260, 119889. https://doi.org/10.1016/j.conbuildmat.2020.119889.

Chou, J., Tsai, C., Pham, A., & Lu, Y. (2014). Aprendizagem automática em simulações de resistência do betão: Multi-nation data analytics. *Construction and Building Materials*, 73, 771-780. https://doi.org/10.1016/J.CONBUILDMAT.2014.09.054.

Choudhary, D., Keshari, J., & Khan, I. (2020). Previsão da resistência à compressão do concreto de ultra-alto desempenho usando algoritmos de aprendizado de máquina - SFS e ANN. , 17-27. https://doi.org/10.1007/978-981-15-1275-9_2.

Dietterich, T. (1996). Aprendizagem automática. *ACM Comput. Surv.*, 28, 3. https://doi.org/10.1145/242224.242229.

El-Helou, R., Haber, Z., & Graybeal, B. (2022). Comportamento mecânico e propriedades de projeto do concreto de ultra alto desempenho. *ACI Materials Journal*. https://doi.org/10.14359/51734194.

Elhishi, S., Elashry, A., & El-Metwally, S. (2023). Avaliação da resistência do betão utilizando a aprendizagem automática. *2023 Conferência Internacional sobre Ciência da Inteligência Artificial e Aplicações na*

Indústria e na Sociedade (CAISAIS), 1-6. https://doi.org/10.1109/CAISAIS59399.2023.10270023.

Farooq, F., Amin, M., Khan, K., Sadiq, M., Javed, M., Aslam, F., & Alyousef, R. (2020). Um estudo comparativo de floresta aleatória e programação de engenharia genética para a previsão da resistência à compressão de concreto de alta resistência (HSC). *Ciências Aplicadas*. https://doi.org/10.3390/app10207330.

Feng, D., Liu, Z., Wang, X., Chen, Y., Chang, J., Wei, D., & Jiang, Z. (2020). Previsão de resistência à compressão baseada em aprendizado de máquina para concreto: Uma abordagem de reforço adaptativo. *Construção e Materiais de Construção*. https://doi.org/10.1016/j.conbuildmat.2019.117000.

Gan, B., Aylie, H., & Pratama, M. (2015). O Comportamento do Concreto Graduado, um Estudo Experimental☆. *Procedia Engineering*, 125, 885-891. https://doi.org/10.1016/J.PROENG.2015.11.076.

Geyer, P., & Singaravel, S. (2018). Aprendizado de máquina baseado em componentes para previsão de desempenho no projeto de construção. *Energia Aplicada*. https://doi.org/10.1016/J.APENERGY.2018.07.011.

Gupta, P., Gupta, N., & Saxena, K. (2023). Previsão da resistência à compressão do concreto geopolimérico usando aprendizado de máquina. *Inovação e Tecnologias Emergentes*. https://doi.org/10.1142/s2737599423500032.

He, H., Stroeven, P., Stroeven, M., & Sluys, L. (2012). Influência do empacotamento de partículas nas propriedades elásticas do betão. *Magazine of Concrete Research*, 64, 163-175. https://doi.org/10.1680/MACR.10.00163.

Hu, J., & Wang, K. (2011). Effect of coarse aggregate characteristics on concrete rheology (Efeito das caraterísticas do agregado grosso na reologia do betão). *Construction and Building Materials*, 25, 1196-1204. https://doi.org/10.1016/J.CONBUILDMAT.2010.09.035.

Ferro, D., P., & I.O, B. (2021). Modelo de Otimização para o Proporcionamento dos Agregados de Betão Laterizado de Elevada Resistência. . https://doi.org/10.29322/ijsrp.11.06.2021.p11457.

Jagadeesh, P., Kumar, P., & Prakash, S. (2016). Influência do pó de pedreira na resistência à compressão do betão. *Revista indiana de ciência e tecnologia*, 9. https://doi.org/10.17485/IJST/2016/V9I22/93663.

Jennifer, S., ., B., M, V., & M, G. (2022). Quantificar as propriedades físicas do concreto por substituição parcial de areia de rio por areia M usando cinzas volantes como aditivo mineral. *Revista Internacional de Pesquisa em Ciência Aplicada e Tecnologia de Engenharia*. https://doi.org/10.22214/ijraset.2022.48230.

Jose, A., & Kasthurba, A. (2021). Blocos de solo-cimento de laterita modificados com látex de borracha natural: Avaliação de suas propriedades e desempenho. *Materiais de Construção e Edificação*, 273, 121991. https://doi.org/10.1016/j.conbuildmat.2020.121991

Kandhal, P., Mallick, R., & Huner, M. (2000). Measuring Bulk-Specific Gravity of Fine Aggregates (Medição da gravidade específica a granel de agregados finos): Development of New Test Method. *Transportation Research Record*, 1721, 81 - 90. https://doi.org/10.3141/1721-10.

Karra, R., Raghunandan, M., & Manjunath, B. (2016). Substituição parcial de agregados finos por laterita em betão misturado com GGBS. , 4, 221-230. https://doi.org/10.12989/ACC.2016.4.3.221.

Kavya, A., & Rao, A. (2020). Investigação experimental sobre as propriedades mecânicas do betão com areia M. *Materials Today: Proceedings*. https://doi.org/10.1016/j.matpr.2020.05.774.

Khatib, J. (2005). Propriedades do betão com incorporação de agregado reciclado fino. *Cement and Concrete Research*, 35, 763-769. https://doi.org/10.1016/J.CEMCONRES.2004.06.017.

Lasisi, F., Osunade, J., & Adewale, A. (1990). Short-term studies on the durability of laterized concrete and laterite-cement mortars. *Building and Environment*, 25, 77-83. https://doi.org/10.1016/0360-1323(90)90044-R.

Li, D., Tang, Z., Kang, Q., Zhang, X., & Li, Y. (2023). Método baseado em aprendizado de máquina para prever a resistência à compressão do concreto. *Processes*. https://doi.org/10.3390/pr11020390.

Ma, C., Awang, A., & Omar, W. (2018). Desempenho estrutural e material do betão geopolimérico: Uma revisão. *Construção e Materiais de*

Construção. https://doi.org/10.1016/J.CONBUILDMAT.2018.07.111.

Maksimov, R., Jirgens, L., Jansons, J., & Plume, É. (1999). Mechanical properties of polyester polymer-concrete. *Mechanics of Composite Materials*, 35, 99-110. https://doi.org/10.1007/BF02257239.

Mane, K., Kulkarni, D., & Prakash, K. (2019). Desempenho de vários materiais pozolânicos nas propriedades do concreto feito pela substituição parcial da areia natural por areia manufaturada. *Journal of Building Pathology and Rehabilitation*, 4, 1-9. https://doi.org/10.1007/s41024-019-0061-9.

McCarthy, R., McCarthy, M., Ceccucci, W., & Halawi, L. (2019). Modelos preditivos usando árvores de decisão. *Aplicando a análise preditiva*. https://doi.org/10.1007/978-3-030-14038-0_5.

Nagrockienė, D., Girskas, G., & Skripkiūnas, G. (2017). Propriedades do betão modificado com aditivos minerais. *Construção e Materiais de Construção*, 135, 37-42. https://doi.org/10.1016/J.CONBUILDMAT.2016.12.215.

Nguyen, H., Vu, T., Vo, T., & Thai, H. (2021). Modelos eficientes de aprendizado de máquina para previsão de resistências de concreto. *Construção e materiais de construção*. https://doi.org/10.1016/j.conbuildmat.2020.120950.

Norhasri, M., Hamidah, M., & Fadzil, A. (2017). Aplicações do uso de nano material em concreto: Uma revisão. *Construção e Materiais de Construção*, 133, 91-97. https://doi.org/10.1016/J.CONBUILDMAT.2016.12.005.

Ogunleye, E., & Arum, C. (2023). Inovações e aplicações do betão laterizado na construção sustentável. *Global Journal of Engineering and Technology Advances*. https://doi.org/10.30574/gjeta.2023.16.3.0175.

Pandey, K., & Rana, M. (2020). Estudo sobre as propriedades do concreto M25 e M30, substituindo a areia artificial por areia natural. *Revista Internacional de Investigação Avançada e Ideias Inovadoras em Educação*, 6, 695-704.

Pongsivasathit, S., Horpibulsuk, S., & Piyaphipat, S. (2019). Avaliação das propriedades mecânicas de solos estabilizados com cimento. *Estudos de caso em materiais de construção*, 11. https://doi.org/10.1016/j.cscm.2019.e00301.

Rajapriya, R., & Ponmalar, V. (2020). Estudo sobre o comportamento mecânico de diferentes tipos de betão que incorpora sucatas de laterite trituradas como agregado fino. *Materials Today: Proceedings*, 32, 626-631. https://doi.org/10.1016/j.matpr.2020.02.919.

Raman, J. (2017). Investigação Experimental da Substituição Parcial de Areia por Solo Laterítico em Concreto. *Revista Internacional de Pesquisa em Ciência Aplicada e Tecnologia de Engenharia*, 247-250. https://doi.org/10.22214/IJRASET.2017.2039.

Ramesh, B., Gokulnath, V., & Vijayavignesh, V. (2020). Uma revisão sobre a adição de concreto autocompactante reforçado com fibra com M-Sand. *Materials Today: Proceedings*, 22, 1097-1102. https://doi.org/10.1016/j.matpr.2019.11.312.

S.U, A., M.I, A., Raja.M, D., Gurunathan, S., & Vani, G. (2018). Estudo sobre o efeito da areia M de várias fontes na trabalhabilidade do concreto. *Revista internacional de pesquisa e tecnologia de engenharia*, 6.

Salem, M., & Pandey, R. (2015). Influência da gravidade específica no peso das proporções de concreto. *Revista internacional de pesquisa e tecnologia de engenharia*, 4.

Sebastin, S., David, M., Karthick, A., Singh, A., Vanjinathan, J., Kumar, S., & Meem, M. (2022). Investigação sobre o desempenho mecânico e de durabilidade do betão armado contendo solo vermelho como alternativa à areia M. *Journal of Nanomaterials*. https://doi.org/10.1155/2022/5404416.

Shuaibu, R., Mutuku, R., & Nyomboi, T. (2014). Uma revisão das propriedades do betão laterítico. *Jornal Internacional de Engenharia Civil e Estrutural*, 5, 130-143.

Silvestre, J., Silvestre, N., & Brito, J. (2016). Revisão sobre nanotecnologia do betão. *European Journal of Environmental and Civil Engineering*, 20, 455 - 485. https://doi.org/10.1080/19648189.2015.1042070.

Soltani, A., Azimi, M., & O'Kelly, B. (2021). Modelagem das caraterísticas de compactação de solos de granulação fina misturados com agregados derivados de pneus. *Sustentabilidade*. https://doi.org/10.3390/SU13147737.

SreekumarK, K., John, D., & Raj, I. (2016). Estudo sobre as propriedades correlacionadas da pasta de cimento e do betão. *IOSR Journal of*

Mechanical and Civil Engineering, 13, 66-73. https://doi.org/10.9790/1684-1305026673.

Sucharda, O., & Bílek, V. (2019). Aspectos do teste e propriedades materiais do concreto de fibra. *Solid State Phenomena*, 292, 14 - 9. https://doi.org/10.4028/www.scientific.net/SSP.292.9.

Sudha, C., Ravichandran, P., Krishnan, K., Rajkumar, P., & Anand, A. (2016). Estudo sobre as propriedades mecânicas do concreto de alto desempenho usando M-Sand. *Revista indiana de ciência e tecnologia*, 9, 1-6. https://doi.org/10.17485/IJST/2016/V9I5/87262.

Sun, H., Burton, H., & Huang, H. (2021). Aplicações de aprendizado de máquina para projeto estrutural de edifícios e avaliação de desempenho: Revisão do estado da arte. *Jornal de engenharia de construção*, 33, 101816. https://doi.org/10.1016/J.JOBE.2020.101816.

Suriya, D., Chandar, S., & Ravichandran, P. (2023). Impacto da areia M nas propriedades reológicas, mecânicas e microestruturais do concreto autocompactado. *Edifícios*. https://doi.org/10.3390/buildings13051126.

Tipu, R., Panchal, V., & Pandya, K. (2022). Previsão das propriedades do betão utilizando um algoritmo de aprendizagem automática. *Journal of Physics: Conference Series*, 2273. https://doi.org/10.1088/1742-6596/2273/1/012016.

Tixier, A., Hallowell, M., Rajagopalan, B., & Bowman, D. (2016). Aplicação do aprendizado de máquina à previsão de lesões na construção. *Automação na Construção*, 69, 102-114. https://doi.org/10.1016/J.AUTCON.2016.05.016.

Vijaya, B., & Selvan, S. (2015). Estudo comparativo sobre as propriedades de resistência e durabilidade do concreto com areia manufaturada. *Revista indiana de ciência e tecnologia*, 8. https://doi.org/10.17485/IJST/2015/V8I36/88614.

Xu, Y., Ahmad, W., Ahmad, A., Ostrowski, K., Dudek, M., Aslam, F., & Joyklad, P. (2021). Computação da resistência à compressão do concreto de alto desempenho usando técnicas de aprendizado de máquina autônomas e combinadas. *Materiais*, 14. https://doi.org/10.3390/ma14227034

Xu, Y., Zhou, Y., Sekuła, P., & Ding, L. (2021). Aprendizado de máquina na construção: Do aprendizado superficial ao profundo. , 6, 100045. https://doi.org/10.1016/J.DIBE.2021.100045.

Yehia, S., & Fawzy, M. (2017). Eficiência do uso de concreto poroso impregnado de polímero em aplicações de engenharia estrutural. https://doi.org/10.14741/ijcet/22774106/7.2.2017.16.

Printed by Books on Demand GmbH, Norderstedt / Germany